CATALOGUS FOSSILIUM AUSTRIAE

Ein systematisches Verzeichnis aller auf österreichischem Gebiet
festgestellten Fossilien

In Einzeldarstellungen herausgegeben
von der
Österreichischen Akademie der Wissenschaften
unter Mitarbeit von Fachpaläontologen

Schriftleitung
k. M. Prof. Dr. **Helmuth Zapfe**

Heft IVb:
Hydrozoa
von
Erik Flügel, Darmstadt

Wien 1969

In Kommission bei Springer-Verlag Wien / New York
Druck: Christoph Reisser's Söhne AG, Wien V, Arbeitergasse 1-7

ISBN 978-3-211-86373-2   ISBN 978-3-7091-5825-8 (eBook)
DOI 10.1007/978-3-7091-5825-8

Hydrozoa

Von Erik Flügel

Vorwort

Obwohl die ersten fossilen Hydrozoen aus Österreich bereits 1843 durch Unger aus dem Paläozoikum und 1865 durch Reuss aus dem Mesozoikum bekannt gemacht wurden, ist die Kenntnis dieser insbesondere in Riff- und Schelfkalken nicht seltenen Fossilgruppe — bezogen auf einzelne Formationen — verschieden:

Ordovicium: Die aus den Karnischen Alpen gemeldeten Funde von Stromatoporen (Vinassa de Regny 1910 b, v. Gaertner 1927) lassen sich nicht verifizieren.

Silur: Auf Grund conodontenstratigraphischer Untersuchungen der letzten Zeit erscheint es fraglich, inwieweit sich die Alterseinstufungen der „silurischen" Schichtglieder mit Stromatoporen in den Karnischen Alpen aufrecht halten lassen (siehe z. B. Jäger & Pölsler 1968, „ef-Kalke" des Findenig).

Devon: Die Mehrzahl der aus den Karnischen Alpen, dem Raum von Graz und von anderen Lokalitäten in der Steiermark und in Kärnten beschriebenen Arten stammt aus mitteldevonischen Schichten. Stromatoporen aus sicher unterdevonischen Schichtgruppen sind bisher nur in Einzelfunden aus den Karnischen Alpen (Raum Wolayer See) und aus Stiwoll W Graz bekannt; möglicherweise sind auch die Stromatoporen-Kalke des Rappoldfelsen bei Bad Vellach (Karawanken) in das Unter-Devon einzustufen. — Aus dem unteren Ober-Devon wurden nur aus den Karnischen Alpen (Monte Zermula) Stromatoporen beschrieben.

Die devonischen Stromatoporen-Faunen der Karnischen Alpen wurden insbesondere durch M. Gortani, P. Vinassa de Regny und E. Flügel, die Faunen des Grazer Devons durch E. Flügel untersucht.

Karbon und Perm: Jungpaläozoische Hydrozoen sind aus Österreich bisher nicht bekannt geworden.

Trias: Die triadischen Hydrozoen wurden durch E. Flügel & E. Sy revidiert. Es handelt sich überwiegend um Heterastridien aus den norischen Hallstätter Kalken oder um Spongiomorphiden aus den norisch-rätischen Riff-Komplexen (Dachstein-Riffkalke und Zlambach-Schichten; Oberrät-Riffkalke bzw. Rätolias-Riffkalke und Kössener Schichten).

Mitteltriadische Hydrozoen — im wesentlichen aus ladinischen Wetterstein-Kalken — sind nicht selten, bisher aber so gut wie nicht beschrieben (siehe z. B. E. Ott 1967, Bayer. Akad. Wiss. Abh.).

Jura: Die Kenntnis der oberjurassischen Hydrozoen-Faunen hat durch die Untersuchungen von A. Fenninger (Plassen-Kalke), H. Hötzl (Tressenstein-Kalk) und F. Bachmayer & E. Flügel (Ernstbrunner Kalke der Klippenzone bei Wien) einen

1*

großen Aufschwung erfahren. Einzelne Hydrozoen können gemeinsam mit Kalkalgen und Foraminiferen zur Alterseinstufung der an Makrofossilien meist armen Malm-Kalke herangezogen werden. — Aus dem Lias und Dogger der Alpen sind keine Hydrozoen bekannt, wenn man von den Spongiomorphiden und *Lamellata* im Rätolias-Riffkalk der Salzburger und Bayerisch-Nordtiroler Kalkalpen absieht.

Kreide: Die ersten Hydrozoen aus den Gosau-Schichten werden vom Verfasser derzeit untersucht. — Aus dem Dan ist nur ein Einzelfund bekannt geworden.

Tertiär: Die Kenntnis der tertiären Hydrozoen beschränkt sich auf die gelegentliche Beobachtung von Hydractinien als Epöken auf Gastropoden-Gehäusen aus miozänen Sanden. Auf Grund von Beobachtungen in anderen Gebieten der Paratethys sollte man vermuten, daß im Nummuliten führenden Eozän und in den miozänen Leitha-Kalken auch Hydrozoen zu erwarten sind.

Die systematische Gliederung der Hydrozoen folgt bei den paläozoischen Arten (Stromatoporoidea) dem Klassifikationsschema von GALLOWAY 1957 und NESTOR 1966. Die Gruppierung der mesozoischen Arten (Sphaeractinoidea und Spongiomorphida) schließt sich an das von HUDSON vorgeschlagene Schema an (modifiziert durch E. FLÜGEL 1959 und TURNŠEK 1966).

In der Zusammenstellung der paläozoischen Stromatoporen der Karnischen Alpen wurden auch alle im italienischen Teil des Grenzraumes liegenden Fundpunkte berücksichtigt, um einen Gesamtüberblick zu ermöglichen.

Abkürzungen: Die Zeichen der Synonymielisten entsprechen den von Rudolf RICHTER vorgeschlagenen Symbolen; zusätzlich wird der Buchstabe L verwendet, um Arten-Nennungen in Listen zu kennzeichnen. Häufig wiederkehrende Aufbewahrungsorte sind wie folgt abgekürzt:

LMJG   — Landesmuseum Joanneum Graz, Geol. Abteilung
LMK   — Landesmuseum Klagenfurt, Geol. Abteilung
NMW   — Naturhistorisches Museum Wien, Geol.-Paläont. Abteilung
THD-GP   — Technische Hochschule Darmstadt, Geol.-Paläont. Institut
UGP   — Universität Graz, Lehrkanzel für Paläontologie

Systema

Classis: **Hydrozoa** OWEN, 1843

Ordo: **Stromatoporoidea** NICHOLSON & MURIE, 1878

Familia: **Labechiidae** NICHOLSON, 1886

Genus: **Labechia** EDWARDS & HAIME, 1851

Labechia sp.

L 1884 *Labecheia* sp. — STACHE, S. 341 (Altpaläozoikum: Pfannspitz, Karnische Alpen. — Aufbewahrung: Material verloren).

Genus: **Rosenella** NICHOLSON, 1886

Rosenella sp.

L v 1958 *Rosenella* sp. — H. FLÜGEL, S. 65 (Unteres Mittel-Devon [Crinoiden-Bank]: Stiwoll W Graz. — Aufbewahrung: UGP 909).

L v 1960 *Rosenella* sp. — H. FLÜGEL, S. 117 (Exemplar 1958).

L v 1961 *Rosenella* sp. — H. FLÜGEL, S. 41 (Exemplar 1958).

Familia: **Clathrodictyidae** KÜHN, 1939

Genus: **Anostylostroma** PARKS, 1936

Anostylostroma alpinum (E. FLÜGEL, 1958 a)

L v 1917 *Stromatopora* cf. *tuberculata* NICH. — F. HERITSCH, S. 29 (Mittel-Devon: Gerlerkogel, Hochlantsch-Gebiet N Graz. — Aufbewahrung: UGP 408).

v 1958a *Clathrodictyon clarum tesselatum* LE MAITRE. — E. FLÜGEL, S. 147, Taf. 2, Fig. 5 (Mittel-Devon: Gerlerkogel, Hochlantschgebiet N Graz. — Aufbewahrung: UGP 408; Frauenkogel bei Gösting NW Graz. — Aufbewahrung: UGP 412).
Der dritte ursprünglich als *Clathrodictyon clarum tesselatum* bestimmte Stock UGP 451 vom Kalvarienberg bei Gratwein N Graz ist nach E. FLÜGEL (1958c: 173) als *Anostylostroma?* sp. zu bestimmen!

* 1958a *Clathrodictyon mammilatum alpinum* n. subsp. — E. FLÜGEL, S. 150, Taf. 2, Fig. 7 (Mittel-Devon [Givet?]: Plesch NW Graz. — Aufbewahrung: UGP 433).

v 1958a *Clathrodictyon regulare* (ROSEN). — E. FLÜGEL, S. 152 (Mittel-Devon: Weg Teichalpe—Breitenauer Kreuz, Hochlantschgebiet N Graz. — Aufbewahrung: UGP 482).

L v 1958c *Anostylostroma alpinum* (E. FLÜGEL). — E. FLÜGEL, S. 173, 174 (Mittel-Devon: Gerlerkogel im Hochlantschgebiet. — Aufbewahrung: UGP 408; Frauenkogel bei Gösting. — Aufbewahrung: UGP 412; Plesch N Graz. — Aufbewahrung: UGP 433).

L v 1961 *Anostylostroma alpinum* (E. FLÜGEL). — H. FLÜGEL, S. 47, 58 (Mittel-Devon [obere *Barrandei*-Schichten]: Graz [*Calceola*-Schichten]: Hochlantsch N Graz. — Aufbewahrung: UGP 408, UGP 412, UGP 433).

Typus: Holotypus des. ist das Exemplar UGP 433.

Locus typicus: Punkt 1050, Fundpunkt 5, Plesch NW Graz.

Stratum typicum: Obere *Barrandei*-Schichten, vermutlich Givet.

Verbreitung: Mittel-Devon von Graz.

Anostylostroma cf. *amygdaloides* (Lecompte, 1951)

v   1958a *Clathrodictyon* cf. *amygdaloides amygdaloides* Lecompte. — E. Flügel, S. 142 (Mittel-Devon: Fiefenmühle und Frauenkogel bei Graz. — Aufbewahrung: UGP 411a, UGP 469).

L v   1958c *Anostylostroma* cf. *amygdaloides* (Lecompte). — E. Flügel, S. 172 (Mittel-Devon: Fiefenmühle bei Graz. — Aufbewahrung: UGP 411a).

L v   1961 *Anostylostroma amygdaloides* (Lecompte). — H. Flügel, S. 48 (Mittel-Devon [obere *Barrandei*-Schichten]: Graz. — Aufbewahrung: UGP 411a).

Verbreitung: Mittel-Devon von Graz, Belgien und China.

Anostylostroma cf. *artyschtense* (Yavorsky, 1955)

v   1958a *Clathrodictyon regulare* (Rosen). — E. Flügel, S. 157, Taf. 3, Fig. 5 (Mittel-Devon [obere *Barrandei*-Schichten]: St. Gotthard bei Graz. — Aufbewahrung: UGP 409).

L v   1958c *Anostylostroma* cf. *artyschtense* (Yavorsky). — E. Flügel, S. 174 (Exemplar 1958a).

L v   1961 *Anostylostroma* cf. *artyschtense* (Yavorsky). — H. Flügel, S. 48 (Exemplar 1958a).

Bemerkungen: Die von Galloway & St. Jean (1957) vorgenommene Einreihung der Art bei *Anostylostroma* ist möglicherweise nicht berechtigt, es könnte sich um eine Art von *Clathrodictyon* handeln.

Verbreitung: Mittel-Devon von Graz; USSR.

Anostylostroma carnicum (Vinassa de Regny, 1910 a)

*   1910a *Clathrodictyon regulare* Rosen sp. var. *carnica* n. — Vinassa de Regny, S. 49, Taf. 1, Fig. 8, 9A, B (Mittel-Devon: Pian di Germula, Karnische Alpen. — Aufbewahrung: unbekannt).

    1912a *Clathrodictyon regulare* Rosen sp. var. *carnicum* Vinassa. — Gortani, S. 122, Taf. 4, Fig. 5 (Unteres Mittel-Devon: Cianevate, Karnische Alpen. — Aufbewahrung: Material verloren).

L   1912b *Clathrodictyon regulare* Nich. var. *carnicum* Vinassa. — Gortani, S. 253 (Mittel-Devon: Cianevate, Karnische Alpen. — Aufbewahrung: Material verloren).

v ?   1918 *Clathrodictyon regulare* Rosen var. *carnicum* Vin. — Vinassa de Regny, S. 112 (Mittel-Devon: Val di Collina; Pian di Germula, Karnische Alpen. — Aufbewahrung: Geol. Inst. Univ. Parma, Material Vinassa de Regny 1918, Nr. R 7).

L   1929 *Clathrodictyon regulare* (Rosen) Nich. var. *carnicum* Vinassa. — Kühn, S. 232 (Mittel-Devon: Karnische Alpen. — Aufbewahrung: Material 1910a, 1912a und 1918).

v   1958a *Clathrodictyon carnicum carnicum* VINASSA. — E. FLÜGEL, S. 145, Taf. 5,
            Fig. 3 (Mittel-Devon: Stiwoll und Kanzel bei Graz; Teichalpe, Mixnitz-
            bach, Zachenspitze im Hochlantschgebiet N Graz. — Aufbewahrung:
            UGP 442).
L   1958c *Anostylostroma carnicum* (VINASSA). — E. FLÜGEL, S. 172 (Mittel-Devon:
            Stiwoll bei Graz; Mixnitzbach im Hochlantschgebiet N Graz. — Auf-
            bewahrung: UGP 442, UGP 424), S. 178 (Mittel-Devon: Pian di Germula;
            Cianevate, Karnische Alpen. — Aufbewahrung: unbekannt bzw.
            Material in Verlust geraten).
L v   1961 *Anostylostroma carnicum* (VIN.). — H. FLÜGEL, S. 47 (Mittel-Devon
            [obere *Barrandei*-Schichten]: Graz), S. 58 (Mittel-Devon [Calceola-
            Schichten]: Hochlantsch N Graz. — Aufbewahrung: Material 1958a).

Typus: Lectotypus nach E. FLÜGEL (1958a: 145) ist das bei VINASSA DE REGNY 1910a, Taf. 1, Fig. 8—9 abgebildete Exemplar.

Locus typicus: Pian di Germula, Karnische Alpen, Italien.

Stratum typicum: Mittel-Devon.

Bemerkungen: Das von VINASSA DE REGNY (1918) aus dem Mittel-Devon des Val di Collina beschriebene Exemplar R 7 (Univ. Parma) kann nur als *Anostylostroma* sp. bestimmt werden. — Das Exemplar UGP 424 (Mixnitzbach) wurde von F. HERITSCH (1917, S. 10) ursprünglich als *Monticulipora fibrosa* GOLDFUSS bestimmt.

Verbreitung: Mittel-Devon der Karnischen Alpen; Graz.

Anostylostroma clarum (POČTA, 1894)

*   1894 *Clathrodictyon clarum* POČTA. — POČTA, S. 152, Taf. 18, Fig. 7—8
            (Mittel-Devon [f-2]: Prager Becken, ČSSR).
L   1937 *Clathrodictyon clarum* POČTA. — A. MEYER, S. 266 (Mittel-Devon:
            Schindelgraben bei Gösting NW Graz. — Material verloren).
L   1953 *Clathrodictyon clarum* POČTA. — H. FLÜGEL, S. 68 (Mittel-Devon
            [*Pentamerus*-Kalk]: Graz. — Material verloren).
non v 1958a *Clathrodictyon clarum clarum* POČTA. — E. FLÜGEL, S. 146, Taf. 2,
            Fig. 3—4 (Mittel-Devon: Plabutsch-Nordseite bei Graz [UGP 405, nach
            E. FLÜGEL 1958c: 173 als *Anostylostroma densatum* (E. FLÜGEL) zu
            bestimmen]; Kamm des Frauenkogels bei Graz [UGP 417, nach
            E. FLÜGEL 1958c: 173 als *Actinostroma multipilatum* E. FLÜGEL zu
            bestimmen]; „Neue Straße" bei Stiwoll W Graz [UGP 446, nach
            E. FLÜGEL 1958c: 173 als *Anostylostroma?* sp. zu bestimmen]; Wild-
            kogel im Hochlantschgebiet N Graz [LMJG 7503, nach E. FLÜGEL
            1958c: 173 als *Anostylostroma* sp. zu bestimmen]).

Verbreitung: Mittel-Devon von Böhmen, Australien und Neuseeland; oberstes Devon von Ostfrankreich.

Anostylostroma densatum (E. FLÜGEL, 1958 a)

L v   1937 *Clathrodictyon clarum* POČTA. — A. MEYER, S. 265 (Mittel-Devon
            [*Pentamerus*-Kalk]: Fiefenmühle bei Graz. — Aufbewahrung: UGP 420).
L v   1953 *Clathrodictyon clarum* POČTA. — H. FLÜGEL, S. 68 (Material 1937).
*   1958a *Clathrodictyon densatum* n. sp. — E. FLÜGEL, S. 149, Taf. 3, Fig. 4
            (Mittel-Devon: Fiefenmühle und St. Gotthard bei Graz. — Auf-
            bewahrung: UGP 420, UGP 439).

v   1958a *Clathrodictyon clarum clarum* PoČTA. — E. FLÜGEL, S. 146 (non Taf. 2, Fig. 3—4!) p. p. (Mittel-Devon [Korallen-Kalk]: Plabutsch-Nordhang bei Graz. — Aufbewahrung: UGP 405).

L v 1958c *Anostylostroma densatum* (E. FLÜGEL). — E. FLÜGEL, S. 173 (Mittel-Devon: Plabutsch-Nordhang bei Graz, Fiefenmühle und St. Gotthard bei Graz. — Aufbewahrung: UGP 405, UGP 420, UGP 439).

L v 1961 *Anostylostroma densatum* (E. FLÜG.). — H. FLÜGEL, S. 47 (Mittel-Devon [untere und obere *Barrandei*-Schichten]: Graz. — Aufbewahrung: UGP 405, UGP 420, UGP 439).

Typus: Holotypus des. ist das bei E. FLÜGEL 1958a, Taf. 3, Fig. 4 abgebildete Exemplar UGP 420.

Locus typicus: Fiefenmühle bei Gösting N Graz.

Stratum typicum: *Barrandei*-Schichten, Mittel-Devon.

Verbreitung: Mittel-Devon von Graz.

Anostylostroma multilamellatum (E. FLÜGEL, 1958 a)

v   1908 *Clathrodictyum regulare* ROSEN sp. — VINASSA DE REGNY, S. 182, Taf. 81, Fig. 18—20 (Silur oder Devon: Casera Lodin; Ramaz alto, Karnische Alpen. — Aufbewahrung: Geol. Inst. Univ. Pisa, Material VINASSA DE REGNY 1908, Nr. V 3).

*   1958a *Clathrodictyon amygdaloides multilamellatum* n. subsp. — E. FLÜGEL, S. 143, Taf. 2, Fig. 1—2 (Mittel-Devon: Plesch bei Graz. — Aufbewahrung: UGP 404).

L v 1958c *Anostylostroma multilamellatum* E. FLÜGEL. — E. FLÜGEL, S. 172 (Mittel-Devon: Plesch bei Graz), S. 177 (Silur oder Devon: Casera Lodin, Karnische Alpen. — Aufbewahrung: Geol. Inst. Univ. Pisa, V 3).

L v 1961 *Anostylostroma multilamellatum* (E. FLÜG.). — H. FLÜGEL, S. 47 (Mittel-Devon [obere *Barrandei*-Schichten]: Graz. — Aufbewahrung: UGP 404).

Typus: Holotypus des. ist das Exemplar UGP 404, abgebildet bei E. FLÜGEL 1958a, Taf. 2, Fig. 1—2.

Locus typicus: P. 1041, Plesch NW Graz, Steiermark.

Stratum typicum: Obere *Barrandei*-Schichten, Mittel-Devon.

Verbreitung: Mittel-Devon von Graz; Silur oder Devon der Karnischen Alpen.

Anostylostroma cf. *neglectum* (PoČTA, 1894)

v   1958a *Clathrodictyon incobonum incubonum* YAVORSKY. — E. FLÜGEL, S. 149 (Mittel-Devon: St. Gotthard N Graz. — Aufbewahrung UGP 441).
Das Exemplar UGP 414 aus dem Mittel-Devon von Raach ist nach E. FLÜGEL (1958c: 174) als *Anostylostroma* sp. zu bestimmen!

L v 1958c *Anostylostroma* cf. *neglectum* (PoČTA). — E. FLÜGEL, S. 173 (Mittel-Devon: Angerwirt, Hochlantschgebiet N Graz. — Aufbewahrung: UGP 480), S. 174 (Mittel-Devon: St. Gotthard N Graz. — Aufbewahrung: UGP 441).

L v 1961 *Anostylostroma* cf. *neglectum* (PoČTA). — H. FLÜGEL, S. 47 (Mittel-Devon [obere *Barrandei*-Schichten]: Graz. — Aufbewahrung: UGP 441), S. 57 (Mittel-Devon [Kalke der Hubenhalt]: Hochlantsch N Graz. — Aufbewahrung: UGP 480).

Verbreitung: *Anostylostroma neglectum* wurde aus dem Unter-Devon des Prager Beckens beschrieben. Die generische Stellung der Art ist unklar; eine Einreihung bei *Stromatoporella* oder *Atelodictyon* wäre möglich (siehe E. FLÜGEL & E. FLÜGEL-KAHLER 1968, S. 280).

Anostylostroma philoclymenium (FRECH, 1885)

*   1885   *Stromatopora philoclymenia* nov. sp. — FRECH, S. 118, Abb. auf S. 119 (Ober-Devon [Clymenien-Kalke, Famenne]: Enkeberg bei Brilon im Sauerland, Deutschland).

L   1888   *Clathrodictyon philoclymenia* FRECH. — FRECH, S. 56 (Unteres Ober-Devon: Großer Pal, Karnische Alpen. — Aufbewahrung: unbekannt).

L   1894   *Clathrodictyon philoclymenia* FRECH. — FRECH, S. 269 (Ober-Devon [Clymenien-Kalk]: Plöckenpaß, Karnische Alpen. — Aufbewahrung: unbekannt).

Verbreitung: Ober-Devon des Sauerlandes, Deutschland.

Anostylostroma ponderosum (NICHOLSON, 1875)

*   1875   *Stromatopora ponderosa* NICHOLSON. — NICHOLSON, S. 246, Taf. 24, Fig. 4, 4a, b (Mittel-Devon [Corniferous limestone]: Kelley's Island, Ohio, USA).

v   1956   *Clathrodictyon ponderosum* (NICHOLSON). — E. FLÜGEL, S. 49 (Mittel-Devon: Cianevate, Karnische Alpen. — Aufbewahrung: LMK, Nr. K 11).

Verbreitung: Mittel-Devon von Ohio, Michigan, Indiana und der Karnischen Alpen.

Anostylostroma cf. *subtile* (POČTA, 1894)

v   1958a   *Anostylostroma amygdaloides latifistulatum* LECOMPTE. — E. FLÜGEL, S. 143, Taf. 4, Fig. 6 (Mittel-Devon: Frauenkogel bei Gösting NW Graz. — Aufbewahrung: UGP 472).

v   1958b   *Anostylostroma* cf. *subtile* (POČTA). — E. FLÜGEL, S. 53 (Mittel-Devon [Givet]: Plöckenpaß, Westflanke des Kleinen Pal, Karnische Alpen. — Aufbewahrung: UGP 31, UGP 43).

L v   1958c   *Anostylostroma* cf. *subtile* (POČTA). — E. FLÜGEL, S. 172 (Mittel-Devon: Frauenkogel bei Gösting NW Graz. — Aufbewahrung: UGP 472).

L v   1961   *Anostylostroma* cf. *subtile* (POČTA). — H. FLÜGEL, S. 48 (Mittel-Devon [obere *Barrandei*-Schichten]: Graz. — Aufbewahrung: UGP 472).

Verbreitung: *Anostylostroma subtile* wurde aus dem Unter-Devon von Böhmen und Marokko beschrieben.

Anostylostroma sp.

L v   1958c   *Anostylostroma* sp. — E. FLÜGEL, S. 171 (Mittel-Devon: Ölberg W Graz. — Aufbewahrung: UGP 444), S. 172 (Mittel-Devon: Frauenkogel-Nordhang bei Graz. — UGP 469; Ölberg. — UGP 455; Teichalpe, Hochlantsch N Graz. — LMJG 7504), S. 173 (Mittel-Devon: Angerwirt, Hochlantschgebiet. — UGP 473; Zachenspitze. — UGP 484; Plabutsch-Nordhang

W Graz. — LMJG 27534; Mixnitzbach, Hochlantschgebiet. — UGP 474;
Wildkogel. — LMJG 7503), S. 174 (Mittel-Devon: Angerwirt, Hoch-
lantschgebiet. — UGP 471), S. 175 (Mittel-Devon: Graz. — UGP 414),
S. 177 (Mittel-Devon: Casera Lodin, Karnische Alpen. — Aufbewah-
rung: V 6, Geol. Inst. Univ. Pisa), S. 178 (Mittel-Devon: Val di Collina,
Karnische Alpen. — Aufbewahrung: R 7, Geol. Inst. Univ. Parma).

L v   1961   *Anostylostroma* sp. — H. FLÜGEL, S. 48 (Mittel-Devon [untere und obere
Barrandei-Schichten]: Graz. — Aufbewahrung: UGP).

Anostylostroma ? sp.

L v   1958c   *Anostylostroma*? sp. — E. FLÜGEL, S. 173 (Mittel-Devon: St. Gotthard
N Graz. — Aufbewahrung: UGP 437; Stiwoll W Graz. — UGP 446;
Kalvarienberg in Gratwein NW Graz. — UGP 451), S. 177 (Mittel-
Devon: Lodinut, Karnische Alpen. — Aufbewahrung: Geol. Inst. Univ.
Pavia, A 1; Casera Lodin, Karnische Alpen. — Aufbewahrung: V 8 b,
Geol. Inst. Univ. Pisa).

Anostylostroma sp. (n. sp. A) (E. FLÜGEL, 1958c)

L v   1917   *Stromatopora concentrica* GOLDF. — F. HERITSCH, S. 174 (Mittel-Devon:
Raacher Berg NW Graz. — Aufbewahrung: UGP 414).
L v   1918   *Stromatopora concentrica* GOLDF. — F. HERITSCH, S. 12, Tab. 1 (Mittel-
Devon: Raacher Berg NW Graz. — Aufbewahrung: UGP 414).
v p. p. 1958a   *Clathrodictyon incubonum incubonum* YAVORSKY. — E. FLÜGEL, S. 149
(Mittel-Devon: Raacher Berg NW Graz. — Aufbewahrung: UGP 414).
Die übrigen Kolonien sind nach E. FLÜGEL (1958c: 174) als *Anostylo-
stroma* cf. *neglectum* (POČTA) zu bestimmen!
L v   1958c   *Anostylostroma* sp. (n. sp. A). — E. FLÜGEL, S. 174 (Mittel-Devon:
Raacher Berg NW Graz. — Aufbewahrung: UGP 414).

Verbreitung: Mittel-Devon von Graz.

Genus: *Atelodictyon* LECOMPTE, 1951

Atelodictyon fallax (LECOMPTE, 1951)

*   1951   *Atelodictyon fallax* nov. sp. — LECOMPTE, S. 125, Taf. 15, Fig. 1—2
(Mittel-Devon [Co 2b, Couvin]: Becken von Dinant, Belgien).
L   1961   *Atelodictyon fallax* LECOMPTE. — H. FLÜGEL, S. 57 (Mittel-Devon [Kalke
der Hubenhalt]: Hochlantsch N Graz. — Aufbewahrung: unbekannt).

Verbreitung: Mittel-Devon von Belgien.

Atelodictyon graecense (E. FLÜGEL, 1958 a)

*   1958a   *Atelodictyon graecense* n. sp. — E. FLÜGEL, S. 156, Taf. 1, Fig. 1 (Mittel-
Devon: Breitalmhalt, Hochlantschgebiet N Graz. — Aufbewahrung:
LMJG 7502).
L v   1961   *Atelodictyon graecense* E. FLÜGEL. — H. FLÜGEL, S. 58 (Mittel-Devon
[*Calceola*-Schichten]: Hochlantsch N Graz. — Aufbewahrung: LMJG
7502).

Typus: Holotypus des. ist das Exemplar LMJG 7502.

Locus typicus: Breitalmhalt, Hochlantschgebiet N Graz.

Stratum typicum: *Calceola*-Schichten, Mittel-Devon.

Bemerkungen: Das Typusexemplar wurde von F. HERITSCH als *Stromatopora* cf. *tuberculata* NICHOLSON bestimmt. Eventuell handelt es sich um das Belegstück zu dem von HERITSCH (1915, S. 51; 1917, S. 19) angeführte Fossil dieses Namens.

Verbreitung: Mittel-Devon von Graz.

Genus: *Clathrodictyon* NICHOLSON & MURIE, 1878

Clathrodictyon regulare (ROSEN, 1867)

*	1867	*Stromatopora regularis* n. — ROSEN, S. 74, Taf. 9, Fig. 1—4 (Silur [adavereskischer Horizont, Llandovery]: Estland).
non v	1908	*Clathrodictyon regulare* ROSEN sp. — VINASSA DE REGNY, S. 182, Taf. 21, Fig. 18—20 (Silur: Casera Lodin; Ramaz alto, Karnische Alpen. — Aufbewahrung: V 3, Geol. Inst. Univ. Pisa). Nach E. FLÜGEL (1958c: 177) als *Anostylostroma multilamellatum* (E. FLÜGEL) zu bestimmen!
L ?	1915	*Clathrodictyon regulare* ROSEN. — VINASSA DE REGNY, S. 307 (Silur: Lodin, Karnische Alpen. — Aufbewahrung: unbekannt). Nach NESTOR (1964: 57) falsch bestimmt!
L v	1929	*Clathrodictyum regulare* ROSEN. — HERITSCH, S. 98, 99 (Silur: Cellonetta; Rauchkofel, Karnische Alpen. — Aufbewahrung: UGP).
L	1931	*Clathrodictyum regulare* ROSEN. — CERRI, S. 53 (Silur: Lodin, Karnische Alpen.— Aufbewahrung: unbekannt).
L	1931	*Clathrodictyon regulare* ROSEN. — GAERTNER, S. 145 (Silur-Devon [Plattenkalke des e-gamma]: Cellonschulter; Rauchkofel, Karnische Alpen. — Aufbewahrung: Geol. Inst. Univ. Göttingen?).
L	1937	*Clathrodictyon regulare* ROSEN. — A. MEYER, S. 265, 266 (Mittel-Devon: Fiefenmühle bei Gösting NW Graz. — Aufbewahrung: Material verloren).
v L	1939	*Clathrodictyon regulare* ROSEN. — SCHOUPPÉ, S. 2 (Silur [e-gamma]: Findenig, Karnische Alpen. — Aufbewahrung: UGP).
L	1953	*Clathrodictyon regulare* ROSEN. — H. FLÜGEL, S. 68 (Mittel-Devon [*Pentamerus*-Kalk]: Graz. — Aufbewahrung: Material verloren).
	1954	*Clathrodictyon regulare* ROSEN. — SCHOUPPÉ, S. 434 (Silur-Devon [ef 1]: Findenigkofel; Cellonkofel; Casera Lodin; Ramaz alto, Karnische Alpen. — Aufbewahrung unbekannt).
v non	1956	*Clathrodictyon regulare* (ROSEN). — E. FLÜGEL, S. 49 (Mittel-Devon: Casera Lodin, Karnische Alpen. — Aufbewahrung: V 3, Geol. Inst. Univ. Pisa).
v non	1958a	*Clathrodictyon regulare* (ROSEN). — E. FLÜGEL, S. 152, Taf. 3, Fig. 5 (Mittel-Devon: St. Gotthard N Graz. — Aufbewahrung: UGP 409; Weg Teichwirt—Breitenauer Kreuz. — Aufbewahrung: UGP 482). UGP 409 ist nach E. FLÜGEL (1958c: 174) als *Anostylostroma* cf. *artyschtense* (YAVORSKY), UGP 482 als *Anostylostroma alpinum* (E. FLÜGEL) zu bestimmen!

Verbreitung: Silur des Baltikums, der UdSSR, von England, Japan und Canada.

10   Erik Flügel

Clathrodictyon regulare carnicum (Vinassa de Regny, 1910 a)

*   1910a *Clathrodictyon regulare* Rosen sp. var. *carnica* n. — Vinassa de Regny,
                 S. 49, Taf. 1, Fig. 8, 9A, 9B (Mittel-Devon: Pian di Germula, Karnische
                 Alpen. — Aufbewahrung: unbekannt).
          1912   *Clathrodictyon regulare* Rosen sp. var. *carnicum* Vinassa. — Gortani,
                 S. 122, Taf. 4, Fig. 5 (Unteres Mittel-Devon: Cianevate, 2100 m, Karni-
                 sche Alpen. — Material verloren).
L   1913   *Clathrodictyon regulare* Nich. var. *carnicum*. — Gortani, S. 253 (Mittel-
                 Devon: Cianevate, Karnische Alpen. — Material verloren).
v non   1918   *Clathrodictyum regulare* Rosen var. *carnicum* Vin. — Vinassa de Regny,
                 S. 112 (Mittel-Devon: Val di Collina; Pian di Germula, Karnische Alpen.
                 — Aufbewahrung: R 7, Geol. Inst. Univ. Parma).
                 Das Originalmaterial ist nach E. Flügel (1958c: 178) nur als *Ano-*
                 stylostroma sp. bestimmbar!
L   1929   *Clathrodictyon regulare* (Rosen) Nich. var. *carnicum* Vinassa. — Kühn,
                 S. 232 (Devon: Karnische Alpen).
v p. p.   1958a *Clathrodictyon carnicum carnicum* Vinassa. — E. Flügel, S. 145 (Mittel-
                 Devon: Stiwoll W Graz. — Aufbewahrung: UGP 442; Mixnitzbach im
                 Hochlantschgebiet N Graz. — Aufbewahrung: UGP 424).
                 Die übrigen Kolonien sind nach E. Flügel (1958c: 172) als *Hermato-*
                 stroma sp. bzw. *Anostylostroma* sp. zu bestimmen!
v L   1958c *Anostylostroma carnicum* (Vinassa). — E. Flügel, S. 172, 178 (Mittel-
                 Devon: Stiwoll W Graz; Mixnitzbach im Hochlantschgebiet N Graz;
                 Pian di Germula; Cianevate, Karnische Alpen. — Aufbewahrung:
                 UGP 442, UGP 424, sonst Material verloren).
L v   1961   *Anostylostroma carnicum* Vin. — H. Flügel, S. 47, 58 (Mittel-Devon
                 [obere *Barrandei*-Schichten]: Graz; [*Calceola*-Schichten]: Hochlantsch
                 bei Graz. — Aufbewahrung: UGP 442, UGP 424).

Bemerkungen: Die generische Einreihung der Unterart bei *Clathrodictyon* wird
von Galloway & St. Jean (1957: 244) angezweifelt. Die meist nur sehr kurzen dornen-
förmigen und gebogenen Pfeiler könnten für eine Einreihung bei *Hammatostroma* oder bei
Simplexodictyon sprechen.

Verbreitung: Mittel-Devon der Karnischen Alpen und Graz.

Clathrodictyon variolare (Rosen, 1867)

*   1867   *Stromatopora variolaris* n. — Rosen, S. 61, Taf. 2, Fig. 2—5 (Silur
                 [Wenlock?]: Insel Oesel, Estland).
v   1908   *Clathrodictyon variolare* (Rosen). — Vinassa de Regny, S. 182 (Mittel-
                 Devon: Casera Lodin, Karnische Alpen. — Aufbewahrung: V 10, Geol.
                 Inst. Univ. Pisa).
non v   1956   *Clathrodictyon variolare* (Rosen). — E. Flügel, S. 49, Taf. 1, Fig. 7
                 (Mittel-Devon: Casera Lodin, Karnische Alpen. — Aufbewahrung: V 10,
                 Geol. Inst. Univ. Pisa. — Devon: Karnische Alpen. — Aufbewahrung:
                 Nr. 2157, LMK).
non v   1958a *Clathrodictyon variolare* (Rosen). — E. Flügel, S. 154, Taf. 3, Fig. 1—2
                 (Mittel-Devon: St. Gotthard N Graz. — Aufbewahrung: UGP 407).
                 Nach E. Flügel (1958c: 174) als *Clathrodictyon confertum* zu bestimmen!

Verbreitung: Silur von England, Baltikum, Estland, Sibirien.

Clathrodictyon sp.

non v 1956 *Clathrodictyon* sp. — E. FLÜGEL, S. 50 (Mittel-Devon: Rappoldfelsen bei Bad Vellach, Kärnten. — Aufbewahrung: UGP 514).
Nach E. FLÜGEL (1958c: 176) als *Actinostroma clathratum* NICHOLSON zu bestimmen!

L 1956 *Clathrodictyon* sp. — H. FLÜGEL, S. 48, 55 (Mittel-Devon [hohes Givet]: Mühlbacher Kogel NW Graz. — Aufbewahrung: UGP).

1962 *Clathrodictyon* sp. — ASSERETO, S. 8, Taf. 4, Fig. 8 (Mittel-Devon: Monte Osternig, Karnische Alpen. — Aufbewahrung: Geol. Inst. Univ. Milano.)

Genus: *Hammatostroma* STEARN, 1961

Hammatostroma carnicum (CHARLESWORTH, 1915)

* 1915 *Clathrodictyon carnicum* n. sp. — CHARLESWORTH, S. 386, Taf. 34, Fig. 4a, b (Unter-Devon: oberes Valentin-Tal, Karnische Alpen. — Material verloren).

Typus: Da das einzige Exemplar in Verlust geraten ist, wäre ein Neotypus zu bestimmen.

Locus typicus: Oberes Valentin-Tal, Karnische Alpen.

Stratum typicum: Mittleres Unter-Devon.

Bemerkungen: Die Art besitzt unregelmäßig entwickelte kurze Pfeiler und Laminae zweiter Ordnung; sie ist daher zu *Hammatostroma* STEARN zu stellen (siehe auch STEARN 1961: 939).

Verbreitung: Unter-Devon der Karnischen Alpen.

Hammatostroma volaicum (CHARLESWORTH, 1915)

* 1915 *Stromatoporella volaica* n. sp. — CHARLESWORTH, S. 386, Taf. 34, Fig. 8 (Unter-Devon: Wolayer Törl, Karnische Alpen. — Material [Univ. Breslau] verloren?).

L 1929 *Stromatoporella volaica* CHARLESWORTH. — O. KÜHN, S. 234 (Unter-Devon: Wolayer Törl, Karnische Alpen. — Material wahrscheinlich in Verlust geraten).

Bemerkungen: FLÜGEL & FLÜGEL-KAHLER (1968: 480) stellen diese Art zu *Tienodictyon*; auf Grund der Arbeit von STEARN (1969) muß die Art bei *Hammatostroma* eingeordnet werden, da die obere interlaminare Zone mit säulenartigen Pfeilern fehlt.

Verbreitung: Unter-Devon der zentralen Karnischen Alpen.

Familia: *Stromatoporellidae* LECOMPTE, 1951

Genus: *Clathrocoilona* YAVORSKY, 1931

Clathrocoilona abeona (YAVORSKY, 1931)

* 1931 *Clathrocoilona abeona* sp. nov. — YAVORSKY, S. 1395, Taf. 1, Fig. 9—11, Taf. 2, Fig. 1, 2, 2a (Mittel-Devon: Kuznets-Becken, UdSSR).

v   1956   *Clathrodictyon carnium graecicum* E. FLÜGEL. — E. FLÜGEL, S. 48, Taf. 1,
                 Fig. 5 (Devon: Karnische Alpen. — Aufbewahrung: LMK, Nr. 2140).
v   1958a   *Clathrodictyon carnicum graecense* n. sp. — E. FLÜGEL, S. 146, Taf. 4,
                 Fig. 5 (Mittel-Devon [obere *Barrandei*-Schichten]: Frauenkogel; St. Gott-
                 hard N Graz; Plabutsch W Graz; Mixnitzbach und Angerwirt, Hoch-
                 lantschgebiet N Graz. — Aufbewahrung der abgebildeten Kolonie:
                 UGP 415).
L v   1958c   *Clathrocoilona abeona* YAVORSKY. — E. FLÜGEL, S. 173 (Mittel-Devon
                 [obere *Barrandei*-Schichten]: Ostflanke des Frauenkogels bei Graz. —
                 Aufbewahrung: UGP 415), S. 174 (Mittel-Devon: Fiefenmühle bei Graz.
                 — Aufbewahrung: UGP 428).
L v   1961   *Clathrocoilona abeona* YAVORSKY. — H. FLÜGEL, S. 48 (Mittel-Devon
                 [obere *Barrandei*-Schichten]: Graz. — Aufbewahrung: UGP 415,
                 UGP 428).

Bemerkungen: Die Unterart *Clathrodictyon carnicum graecicum* wurde von
E. FLÜGEL bereits 1956 kurz beschrieben, jedoch nicht abgebildet und ausreichend defi-
niert. Nach E. FLÜGEL (1958c: 173) entspricht der Holotypus der Art *Clathrocoilona
abeona* YAVORSKY; die nicht abgebildeten Syntypen sind als *Anostylostroma* sp. bzw. als
Anostylostroma cf. *neglectum* (POČTA) zu bestimmen.

Verbreitung: Mittel-Devon des Kuznets-Beckens und des Kolyma-Gebietes,
USSR; Mittel-Devon von Indiana, USA, und der Northwestern Territories, Canada.

Clathrocoilona intscherepensis (YAVORSKY, 1951)

*   1951   *Clathrocoilona intscherepense* sp. nov. — YAVORSKY, S. 8, Taf. 1, Fig. 8,
                 Taf. 2, Fig. 1 (Unter[?]-Devon: Dorf Aleksandrovska am Fluß Incherep,
                 Kuznets-Gebiet, UdSSR).
L v   1962   *Clathrocoilona intscherpense* YAVORSKY. — H. K. ERBEN, H. FLÜGEL &
                 O. H. WALLISER, S. 74 (Oberes Unter-Devon [oberes Unter-Devon]:
                 S Wolaya-Paß, zentrale Karnische Alpen. — Aufbewahrung: UGP).

Verbreitung: Unter-Devon des Kuznets-Beckens, des Salair und der Karnischen
Alpen.

Clathrocoilona sp.

L v   1959   *Clathrocoilona* sp. — E. FLÜGEL & W. GRÄF, S. A 18 (Mittel-Devon:
                 W-Hang des Freikofels, Karnische Alpen. — Aufbewahrung: UGP).
                 Clathrocoilona sp. (n. sp. A) E. FLÜGEL 1958c.
L v   1917   *Stromatopora concentrica* GOLDF. — F. HERITSCH, S. 7, 19 (Mittel-Devon:
                 Teichalpenhotel im Hochlantschgebiet. — Aufbewahrung: UGP 423;
                 Türnauer Graben im Hochlantschgebiet. — Aufbewahrung: UGP 425).
L v   1937   *Stromatoporella curiosa* (BARG.). — A. MEYER, S. 264 (Mittel-Devon:
                 Fiefenmühle bei Graz. — Aufbewahrung: UGP 466).
L v   1953   *Stromatoporella curiosa* BARGATZKY. — H. FLÜGEL, S. 68 (Mittel-Devon:
                 Fiefenmühle bei Graz. — Aufbewahrung: UGP 466).
L v   1953   *Stromatopora concentrica* GOLDFUSS. — H. FLÜGEL, S. 75 (Mittel-Devon:
                 Hochlantschgebiet N Graz. — Aufbewahrung: UGP 423, UGP 425).
v   1958a   *Stromatoporella curiosa curiosa* (BARGATZKY). — E. FLÜGEL, S. 161,
                 Taf. 5, Fig. 5 (Mittel-Devon: Teichalpenhotel; Türnauer Graben, Hoch-
                 lantschgebiet N Graz. — Aufbewahrung UGP 423, UGP 425).

L v   1958c *Clathrocoilona* sp. (n. sp. A). — E. Flügel, S. 175, 176 (Mittel-Devon:
           Fiefenmühle bei Graz; Hochlantschgebiet. — Aufbewahrung: UGP 466,
           UGP 423, UGP 425).

Verbreitung: Mittel-Devon von Graz.

Genus: *Stictostroma* Parks, 1936

Stictostroma sp.

1958c *Stictostroma* sp. — E. Flügel, S. 178 (Oberes Mittel-Devon: M. Coglians.
       — Material verloren).

Genus: *Stromatoporella* Nicholson, 1886

Stromatoporella conferta (Nicholson, 1889)

*   1889   *Clathrodictyon confertum* s. sp. — Nicholson, S. 154, Taf. 18, Fig. 13—14
            (Mittel-Devon: Dartington, South Devon, England).
v   1958a *Clathrodictyon variolare* (Rosen). — E. Flügel, S. 154, Taf. 3, Fig. 1—2
            (Mittel-Devon: St. Gotthard bei Graz. — Aufbewahrung: UGP 407).
L v   1958c *Clathrodictyon confertum* Nicholson. — E. Flügel, S. 174 (Mittel-
            Devon: St. Gotthard bei Graz. — Aufbewahrung: UGP 407).
L v   1961   *Clathrodictyon confertum* Nicholson. — H. Flügel, S. 48 (Mittel-Devon
            [höhere *Barrandei*-Schichten): Graz. — Aufbewahrung: UGP 407).

Verbreitung: Mittel-Devon von England, Bosnien, Ohio und Australien.

Stromatoporella curiosa (Bargatzky, 1881)

*   1881   *Stromatopora curiosa* Goldf., sp. — Bargatzky, S. 285 (Mittel-Devon:
              Eifel, Deutschland).
v   1918   *Stromatoporella curiosa* Barg. var. *carnica* Gortani. — Vinassa de
              Regny, S. 118, Taf. 12, Fig. 11 (Mittel-Devon: M. Germula, Karnische
              Alpen. — Aufbewahrung: R 20, Geol. Inst. Univ. Parma).
v L non 1937 *Stromatoporella curiosa* Barg. — A. Meyer, S. 265, 266 (Mittel-Devon:
              Schindelgraben bei Gösting N Graz. — Aufbewahrung: UGP 466).
              Nach E. Flügel (1958c: 175) als *Stromatoporella laminata* (Bargatzky)
              zu bestimmen!
v L non 1953 *Stromatoporella curiosa* (Bargatzky). — H. Flügel, S. 68 (Mittel-
              Devon [*Pentamerus*-Kalk]: Graz. — Aufbewahrung: UGP 466).
v p. p.   1958a *Stromatoporella curiosa curiosa* (Bargatzky). — E. Flügel, S. 161,
              Taf. 5, Fig. 5 (Mittel-Devon: Teichalpe; Türnauer Graben, Hochlantsch-
              gebiet N Graz. — Aufbewahrung: UGP 423, UGP 425).
              Das Exemplar UGP 423 ist nach E. Flügel (1958c: 175) als *Clathro-
              coilona* sp. zu bestimmen!
v L   1958c *Stromatoporella curiosa* (Bargatzky). — E. Flügel, S. 175 (Mittel-
              Devon: Hochlantsch. — Aufbewahrung: UGP 425; Mittel-Devon: Ger-
              mula, Karnische Alpen. — Aufbewahrung: Geol. Inst. Univ. Parma,
              R 20).

L   1966   *Stromatoporella curiosa* (BARGATZKY). — FERRARI & VAI, S. 393 (Mittel-
                 Devon [Givet]: Monte Zermula, Karnische Alpen. — Aufbewahrung:
                 Geol. Inst. Univ. Bologna).

 Verbreitung: Mittel-Devon von Deutschland, England, Frankreich, Belgien,
Mähren, Karnische Alpen, Graz. Unteres Ober-Devon von Belgien.

Stromatoporella curiosa carnica (GORTANI, 1912 a)

*   1912a   *Stromatoporella curiosa* BARGATZKY sp. var. *carnica* n. f. — GORTANI, S. 127,
                 Taf. 4, Fig. 14—15 (Oberes Mittel-Devon: M. Coglians, Karnische Alpen.
                 — Aufbewahrung: Material in Verlust geraten).
L   1912b   *Stromatoporella curiosa* BARG. var. *carnica* GORT. — GORTANI, S. 256
                 (Oberes Mittel-Devon: Forcella Monumenz, 2400—2500 m, Karnische
                 Alpen. — Material verloren).
non   1918   *Stromatoporella curiosa* BARG. var. *carnica* GORT. — VINASSA DE REGNY,
                 S. 118, Taf. 12, Fig. 11 (Mittel-Devon: M. Germula, Karnische Alpen. —
                 Aufbewahrung: R 20, Geol. Inst. Univ. Parma).
                 Nach E. FLÜGEL (1958c: 179) als *Stromatoporella curiosa* (BARGATZKY)
                 zu bestimmen!
non   1956   *Stromatoporella curiosa curiosa* GORTANI. — E. FLÜGEL, S. 54 (Mittel-
                 Devon: M. Germula, Karnische Alpen. — Aufbewahrung: R 20, Geol.
                 Inst. Univ. Parma).
L   1958c   *Stromatoporella carnica* GORTANI. — E. FLÜGEL, S. 178 (Oberes Mittel-
                 Devon: M. Coglians, Karnische Alpen. — Material verloren).

 Typus: Da das Originalmaterial in Verlust geraten ist, müßte ein Neotypus be-
stimmt werden.
 Locus typicus: M. Coglians, 2600 m, Karnische Alpen.
 Stratum typicum: Oberes Mittel-Devon.
 Verbreitung: Oberes Mittel-Devon der Karnischen Alpen.

Stromatoporella decora (LECOMPTE, 1951)

*   1951   *Stromatoporella decora* nov. sp. — LECOMPTE, S. 164, Taf. 24, Fig. 6, 6a,
                 6b (Mittel-Devon [Givet]: Surice, Becken von Dinant, Belgien).
v   1918   *Stromatoporella socialis* NICH. — VINASSA DE REGNY, S. 118 (Mittel-
                 Devon: Val di Collina, Karnische Alpen. — Aufbewahrung: R 17, Geol.
                 Inst. Univ. Parma).
v   1956   *Stromatoporella decora* LECOMPTE. — E. FLÜGEL, S. 55 (Mittel-Devon:
                 Val di Collina, Karnische Alpen. — Aufbewahrung: R 17, Geol. Inst.
                 Univ. Parma).
v L   1958c   *Stromatoporella decora* LECOMPTE. — E. FLÜGEL, S. 179 (Mittel-Devon:
                 Val di Collina, Karnische Alpen. — Aufbewahrung: R 17, Geol. Inst.
                 Univ. Parma).

 Verbreitung: Mittel-Devon von Belgien und der Karnischen Alpen.

Stromatoporella eriensis (PARKS, 1936)

*   1936   *Stictostroma eriense* sp. nov. — PARKS, S. 81, Taf. 5, Fig. 1—4 (Mittel-
                 Devon [Columbus limestone]: Marblehead, Ohio, USA).

v   1958a *Clathrodictyon* sp. (n. sp. ?, Form b). — E. FLÜGEL, S. 155, Taf. 4, Fig. 2—3 (Mittel-Devon: Plesch bei Graz. — Aufbewahrung: UGP 439).

L v   1958c *Stromatoporella eriensis* (PARKS). — E. FLÜGEL, S. 174 (Mittel-Devon: Plesch bei Graz. — Aufbewahrung: UGP 439).

L v   1961 *Stromatoporella eriensis* (PARKS). — H. FLÜGEL, S. 48 (Mittel-Devon [obere *Barrandei*-Schichten): Graz. — Aufbewahrung: UGP 439).

Verbreitung: Mittel-Devon von Ohio, Canada, Becken von Ancenies (Frankreich), Graz.

Stromatoporella laminata (BARGATZKY, 1881)

*   1881 *Diapora laminata*. — BARGATZKY, S. 274, 288, Abb. 8—9 (Mittel-Devon [Givet]: Büchel; Paffrath, Rheinisches Schiefergebirge, Deutschland).

non v L   1949 *Stromatoporella* cf. *laminata* (BARGATZKY). — KRÖLL, S. 17 (Devon: Stübinggraben W Graz. — Aufbewahrung: UGP).
Nach E. FLÜGEL (1958c: 176) als *Stromatopora* ? sp. zu bestimmen!

v L   1937 *Stromatoporella curiosa* BARG. — A. MEYER, S. 265, 266 (Mittel-Devon: Schindelgraben bei Gösting NW Graz. — Aufbewahrung: UGP).

non v L   1953 *Stromatoporella laminata* BAI. — H. FLÜGEL, S. 68 (Mittel-Devon [*Pentamerus*-Kalk]: Graz. — Aufbewahrung: UGP).

v p. p.   1958a *Stromatoporella laminata* (BARGATZKY). — E. FLÜGEL, S. 162 (Mittel-Devon: Fiefenmühle bei Graz. — Aufbewahrung: UGP 466).
Das Originalmaterial besteht aus mehreren Kolonien, die als *Stromatoporella laminata* und als *Clathrocoilona* sp. zu bestimmen sind (siehe E. FLÜGEL 1958c: 176).

L v p. p.   1958c *Stromatoporella laminata* (BARGATZKY). — E. FLÜGEL, S. 175, 176 (Mittel-Devon: Fiefenmühle bei Graz. — Aufbewahrung: UGP 466).

L v   1961 *Stromatoporella laminata* (BARG.). — H. FLÜGEL, S. 48 (Mittel-Devon [obere *Barrandei*-Schichten): Graz. — Aufbewahrung: UPG 466).

Verbreitung: Mittel-Devon von Deutschland, Belgien und Graz. Unteres Ober-Devon von Polen.

Stromatoporella cf. *parasolitaria* (GALLOWAY & ST. JEAN, 1957)

v   1958a *Clathrodictyon* cf. *crassum* NICHOLSON. — E. FLÜGEL, S. 148 (Mittel-Devon: St. Gotthard N Graz. — Aufbewahrung: UGP 449).

L v   1958c *Stromatoporella* cf. *parasolitaria* GALLOWAY & JEAN. — E. FLÜGEL, S. 173 (Mittel-Devon: St. Gotthard N Graz. — Aufbewahrung: UGP 449).

L v   1961 *Stromatoporella* cf. *parasolitaria* GALL. & JEAN. — H. FLÜGEL, S. 48 (Mittel-Devon [höhere *Barrandei*-Schichten]: Graz. — Aufbewahrung: UGP 449).

Verbreitung: *Stromatoporella parasolitaria* wurde aus dem Mittel-Devon von Indiana (USA) beschrieben.

Stromatoporella ? *socialis conferta* (GORTANI, 1912)

*   1912 *Stromatoporella socialis* NICH. var. *conferta* n. f. — GORTANI, S. 13, Taf. 4, Fig. 16—17 (Unteres Mittel-Devon: Monte Coglians, Karnische Alpen. — Aufbewahrung: Material verloren).

? v   1918   *Stromatoporella socialis* NICH. var. *conferta* GORT. — VINASSA DE REGNY, S. 118, Taf. 12, Fig. 12 (Mittel-Devon: Val di Collina, Karnische Alpen. — Aufbewahrung: R 18, Geol. Inst. Univ. Parma).
Nach E. FLÜGEL (1958c: 179) falsch bestimmt, nach E. FLÜGEL (1959: 146) wahrscheinlich gleich *Actinostroma hebbornense* NICHOLSON!

Verbreitung: Mittel-Devon der Karnischen Alpen.

Stromatoporella tuberculata (NICHOLSON, 1873)

*   1873   *Stromatopora tuberculata*, NICH. — NICHOLSON, S. 92, Taf. 4, Fig. 2, 2a (Mittel-Devon [Corniferous limestone]: Port Colborne, Erie Lake, Canada).

L   1929   *Stromatopora tuberculata* NICH. — CLAR et al., S. 9 (Mittel-Devon [Kalkschiefer der Hubenhalt]: Hochlantsch N Graz. — Aufbewahrung: unbekannt).

L   1953   *Stromatopora tuberculata* NICH. — H. FLÜGEL, S. 75 (Mittel-Devon [*Pentamerus*-Bank]: Hochlantsch N Graz. — Aufbewahrung: unbekannt).

Verbreitung: Mittel-Devon von Canada.

Stromatoporella cf. *tuberculata* (NICHOLSON, 1873)

   1894   *Stromatopora* cf. *tuberculata* NICH. — PENECKE, S. 586, 608 (Mittel-Devon [*Barrandei*-Schichten]: Graz; Hochlantsch. — Material verloren).

L non p.p. 1915   *Stromatopora* cf. *tuberculata* NICH. — F. HERITSCH, S. 583, 594, 595, 597, 599, 601, 602 (Mittel-Devon: Graz; Hochlantschgebiet N Graz. — Aufbewahrung: meist kein Beleg vorhanden, Ausnahmen UGP 408 [als *Anostylostroma alpinum* E. FLÜGEL zu bestimmen!] und LMJG 7503 [als *Anostylostroma* sp. zu bestimmen!]).

L   1917   *Stromatopora* cf. *tuberculata* NICH. — F. HERITSCH, S. 318, 331, 341 (Mittel-Devon: Wildkogel; Breitalmhalt; Teichalpe; Tobergraben, Hochlantschgebiet N Graz. — Aufbewahrung z. T. UGP).

L   1918   *Stromatopora* cf. *tuberculata* NICH. — F. HERITSCH, Beilage 1 („Unter-Devon": Graz. — Aufbewahrung: z. T. UGP).

L   1953   *Stromatopora* cf. *tuberculata* NICH. — H. FLÜGEL, S. 65, 68 (Mittel-Devon [Korallenkalk, *Pentamerus*-Kalk]: Graz. — Aufbewahrung: z. T. UGP).

Verbreitung: siehe oben.

Stromatoporella sp.

v   1918   *Stromatoporella socialis* NICH. var. *conferta* GORT. — VINASSA DE REGNY S. 118, Taf. 12, Fig. 12 (Mittel-Devon: Val di Collina, Karnische Alpen. — Aufbewahrung: R 18, Geol. Inst. Univ. Parma).

v   1956   *Stromatoporella* sp. — E. FLÜGEL, S. 55 (Mittel-Devon: Val di Collina, Karnische Alpen. — Aufbewahrung: R 18, Geol. Inst. Univ. Parma).

v   1958b   *Stromatoporella* sp. — E. FLÜGEL, S. 53 (Mittel-Devon [Givet]: Plöckenpaß, Westflanke des Kleinen Pal, Karnische Alpen. — Aufbewahrung: LMK 20, LMK 30).

L v   1958c   *Stromatoporella* sp. — E. FLÜGEL, S. 179 (Mittel-Devon: Val di Collina, Karnische Alpen. — Aufbewahrung: R 18, Geol. Inst. Univ. Parma).

Genus: ***Synthetostroma*** Lecompte, 1951

Synthetostroma cf. *actinostromoides* (Lecompte, 1951)

Zum Vergleich:

* 1951 *Synthetostroma actinostromoides* nov. sp. — Lecompte, S. 194, Taf. 20, Fig. 3—4 (Mittel-Devon [Givet]: Becken von Dinant, Belgien).

v 1958b *Synthetostroma?* cf. *actinostromoides* Lecompte. — E. Flügel, S. 60 (Mittel-Devon [Givet]: Plöckenpaß, Westflanke des Kleinen Pal, Karnische Alpen. — Aufbewahrung: LMK, Nr. 30).

Bemerkungen: Das Material ist zu stark rekristallisiert, als daß eine sichere Bestimmung möglich wäre.

Verbreitung: Givet von Belgien und von Mähren, ČSSR.

Familia: ***Actinostromatidae*** Nicholson, 1886

Genus: ***Actinostroma*** Nicholson, 1886

Actinostroma bifarium (Nicholson, 1886)

* 1886 *Actinostroma bifarium* Nich. — Nicholson, S. 231, Taf. 6, Fig. 4—5 (Mittel-Devon: Büchel, Rheinisches Schiefergebirge, Deutschland).

non v 1908 *Actinostroma bifarium* Nich. — Vinassa de Regny, S. 181, Taf. 21, Fig. 3—7 (Mittel-Devon: Casera Lodin, Karnische Alpen. — Aufbewahrung: Geol. Inst. Univ. Pisa, V 8a, V 8b). Das aus zwei Kolonien bestehende Material ist nach E. Flügel 1958c: 177 als *Actinostroma* sp. und *Anostylostroma* sp. zu bestimmen!

L ? 1915 *Actinostroma bifarium* Nicholson. — Vinassa de Regny, S. 304 (Ordovicium: Karnische Alpen).

L v 1917 *Stromatopora concentrica* Goldf. — F. Heritsch, S. 19 (Mittel-Devon: oberster Wöllingergraben, Hochlantschgebiet N Graz. — Aufbewahrung: UGP 402).

L v 1918 *Actinostroma bifarium* Nich. — F. Heritsch, Tab. 2 (Mittel-Devon: Graz).

v 1918 *Sctinostroma bifarium* Nich. — Vinassa de Regny, S. 112, Taf. 10, Fig. 12—14 (Mittel-Devon: Val di Collina, Karnische Alpen. — Aufbewahrung: Geol. Inst. Univ. Parma, R 5).

L 1931 *Actinostroma bifarium* Nich. — Cerri, S. 53 (Oberes Silur [Neo-Siluriano]: Karnische Alpen).

v 1956 *Actinostroma bifarium bifarium* Nicholson. — E. Flügel, S. 41 (Mittel-Devon: Val di Collina, Karnische Alpen. — Aufbewahrung: Geol. Inst. Univ. Parma, R 5).

v 1958a *Actinostroma bifarium bifarium* Nicholson. — E. Flügel, S. 133, Taf. 1, Fig. 6 (Mittel-Devon: oberster Wöllingergraben, Hochlantschgebiet N Graz. — Aufbewahrung: UGP 402).

v 1958a *Actinostroma bifarium blumenthali* Uensalaner. — E. Flügel, S. 134, Taf. 1, Fig. 7 (Mittel-Devon: Fiefenmühle bei Gösting NW Graz. — Aufbewahrung: UGP 411b). Nach E. Flügel 1958c: 171 zu *Actinostroma bifarium* Nicholson zu stellen!

2*

L v   1958c *Actinostroma bifarium* NICHOLSON. — E. FLÜGEL, S. 171 (Mittel-Devon:
               Fiefenmühle: Hochlantsch N Graz. — Aufbewahrung: UGP 402,
               UGP 411b).
L v   1961   *Actinostroma bifarium* NICH. — H. FLÜGEL, S. 47 (Mittel-Devon [obere
               Barrandei-Schichten]: Graz. — Aufbewahrung: UGP 402, UGP 411b).

   Verbreitung: Mittel-Devon von Deutschland, England und Anatolien, Mittel-
Devon und unteres Ober-Devon von Belgien.

Actinostroma clathratum (NICHOLSON, 1886)

*   1886   *Actinostroma clathratum* NICH. — NICHOLSON, S. 226, Taf. 6, Fig. 1—3
               (Mittel-Devon: Gerolstein, Eifel, Deutschland).
L ?   1891   *Actinostroma clathratum* NICHOLSON? — FRECH, S. 684 (Oberes Mittel-
               Devon: Kamm Kollinkofel—Kellerwand, Karnische Alpen. — Auf-
               bewahrung: Sammlung FRECH, Geol. Inst. Univ. Breslau, wahr-
               scheinlich vernichtet).
L   1894   *Actinostroma clathratum* NICHOLSON. — FRECH, S. 261 (Mittel-Devon:
               Kamm Kollinkofel—Kellerwand, Karnische Alpen. — Aufbewahrung:
               Sammlung FRECH, Geol. Inst. Univ. Breslau, wahrscheinlich verloren).
p. p. v 1908   *Actinostroma clathratum* NICH. — VINASSA DE REGNY, S. 179, Taf. 21,
               Fig. 16—17 (Mittel-Devon: Lodin, Karnische Alpen. — Aufbewahrung:
               Geol. Inst. Univ. Pisa, V 1).
               Ein Teil des nicht abgebildeten Originalmaterials ist nach E. FLÜGEL
               1959: 169 als *Actinostroma papillosum* (BARGATZKY) zu bestimmen!
L   1910   *Atinostroma clathratum* NICH. — VINASSA DE REGNY, S. 45 (Mittel-
               Devon: Karnische Alpen).
non   1912a *Aactinostroma clathratum* NICHOLSON. — GORTANI, S. 120 (Oberes
               Mittel-Devon: Forca Monumenz, 2400 m; M. Coglians, 2600 m. Unteres
               Mittel-Devon: Gipfel der M. Coglians, 2780 m, Karnische Alpen. —
               Material verloren).
               Das auf Tafel 4, Fig. 1 abgebildete Exemplar ist der Typus der von
               GORTANI neu vorgeschlagenen Unterart *Actinostroma clathratum
               confertum*. Das Exemplar von der Gipfelregion der M. Coglians dürfte
               nach E. FLÜGEL 1958c: 178 zu *Actinostroma stellulatum* NICHOLSON zu
               stellen sein!
L   1912b *Actinostroma clathratum* NICHOLSON. — GORTANI, S. 246 (Mittel-Devon:
               Forcella Monumenz, M. Coglians), S. 256 (Oberes Mittel-Devon: Forcella
               Monumenz), S. 257 (Oberes Mittel-Devon: Casera Monumenz bei
               Cianevate, Karnische Alpen. — Material verloren).
        1915   *Actinostroma clathratum* NICH. — VINASSA DE REGNY, S. 307, Fig. 9
               (Silur: Lodin, Karnische Alpen. — Aufbewahrung: unbekannt).
non v   1918   *Actinostroma clathratum* NICH. — VINASSA DE REGNY, S. 110, Taf. 10,
               Fig. 10 (Mittel-Devon: Creta di Timau; Monumenz; Casera Val Bertat;
               Valpudia, Karnische Alpen. — Aufbewahrung: Geol. Inst. Univ.
               Parma, R 1).
               Das abgebildete Exemplar R 1 vom Val Bertat ist nach E. FLÜGEL
               1958c: 178 als *Hermatostroma macroporum* (VINASSA DE REGNY) zu
               bestimmen!
L   1929   *Actinostroma clathratum* NICHOLSON. — KÜHN, S. 232 (Devon: Karnische
               Alpen).

Diskussion der aus den Karnischen Alpen beschriebenen Formen!

L	1935	*Actinostroma clathrata* VIN. — HABERFELNER, S. 10 (Tiefes Unter-Devon: P. 1510, Nordhang des Rössels, Eisenerzer Alpe, Steiermark. — Material verloren).
L ?	1936	*Actinostroma clathrata* NICH. — HABERFELNER, S. 397 (tiefstes Devon: Aicher Steinbruch bei Althofen, Kärnten. — Material verloren). Die Bestimmung ist nach E. FLÜGEL 1959: 133 sehr fraglich!
L v	1939	*Actinostroma clathratum* NICH. — SCHOUPPÉ, S. 2 (Silur [e-gamma-Kalke]: Findenig, Karnische Alpen. — Aufbewahrung: UGP 60).
v p. p.	1954	*Actinostroma clathratum* NICHOLSON. — SCHOUPPÉ, S. 431, Taf. 25, Fig. 10 (Silur [ef 2—3]: Findenigkofel; Cellonkofel, Karnische Alpen. — Aufbewahrung: UGP 60 [Findenig], UGP 511 [Findenig, nach E. FLÜGEL 1958c: 179 als *Actinostroma salairicum* YAVORSKY zu bestimmen!]).
v p. p.	1956	*Actinostroma clathratum clathratum* NICHOLSON. — E. FLÜGEL, S. 42 (Mittel-Devon: Mte. Lodin [Geol. Inst. Univ. Pisa, V 1]; Casera Lodin [Geol. Inst. Univ. Pisa, V 5, nach E. FLÜGEL 1958c: 177 als *Actinostroma papillosum* (BARGATZKY) zu bestimmen!]; Casera Ramaz alto [Geol. Inst. Univ. Pisa, V 9, nach E. FLÜGEL 1958c: 177 als *Actinostroma papillosum* (BARGATZKY) zu bestimmen!]; Cianevate [LMK, Nr. K 9], Karnische Alpen).
v ?	1956	*Actinostroma clathratum intricatum* LECOMPTE. — E. FLÜGEL, S. 43 (Mittel-Devon: Findenig, Karnische Alpen. — Aufbewahrung: UGP 511). Nach E. FLÜGEL 1958c: 171 als *Actinostroma clathratum* NICHOLSON? oder als *Actinostroma salairicum* YAVORSKY zu bestimmen!
v	1956	*Clathrodictyon* sp. — E. FLÜGEL, S. 50 (Mittel-Devon: Rappoldfelsen bei Bad Vellach, Kärnten. — Aufbewahrung: UGP 514). Nach E. FLÜGEL 1958c: 176 als *Actinostroma clathratum* NICHOLSON zu bestimmen!
von v	1958a	*Actinostroma clathratum clathratum* NICHOLSON. — E. FLÜGEL, S. 135, Taf. 1, Fig. 4 (Mittel-Devon: Plabutschgipfel [UGP 421]; Ölberg W Graz [LMJG 7512, nach E. FLÜGEL 1958c: 171 als *Actinostroma papillosum* [BARGATZKY] zu bestimmen; St. Gotthard N Graz [UGP 416]).
v	1958b	*Actinostroma clathratum clathratum* NICHOLSON. — E. FLÜGEL, S. 54 (Mittel-Devon [Givet]: Plöckenpaß, Westflanke des Kleinen Pal, Karnische Alpen. — Aufbewahrung: LMK, Nr. 2, 10, 40).
L ?	1958c	*Actinostroma clathratum* NICHOLSON? — E. FLÜGEL, S. 171 (Mittel-Devon: Plabutsch bei Graz. — Aufbewahrung: UGP 403; St. Pankratzen W Graz. — Aufbewahrung: UGP 468).
L v	1958c	*Actinostroma clathratum* NICHOLSON. — E. FLÜGEL, S. 176 (Mittel-Devon: Rappoldfelsen bei Bad Vellach, Kärnten. — UGP 514).
L ?	1961	*Actinostroma clathratum* NICH.? — H. FLÜGEL, S. 47 (Mittel-Devon [obere *Barrandei*-Schichten]: Graz).
L ?	1962	*Actinostroma clathratum* NICH.? — ERBEN, H. FLÜGEL & WALLISER, S. 76 (Unter-Devon [unteres Ems]: Seewarte, zentrale Karnische Alpen. — Aufbewahrung: UGP).
L v	1964	*Actinostroma clathratum* NICH. — H. FLÜGEL, S. 413 (Mittel-Devon: Pasterkfelsen bei Bad Vellach, Kärnten. — Aufbewahrung: UGP 514).

Verbreitung: Mittel-Devon von Deutschland, England, Belgien, Frankreich, Polen, Mähren, Marokko, USSR, Zentralasien, SW-China; unteres Ober-Devon von Deutschland, Belgien, USSR und Canada.

Actinostroma clathratum confertum (Vinassa de Regny, 1908)

* 1908 *Actinostroma clathratum* var. *conferta*. — Vinassa de Regny, S. 180, Taf. 21, Fig. 14—15 (Mittel-Devon: Lodin, Karnische Alpen. — Aufbewahrung: Geol. Inst. Univ. Pisa).

? 1912a *Actinostroma clathratum* Nich. var. *conferta* Vinassa. — Gortani, Taf. 4, Fig. 1 (Unteres Mittel-Devon: Gipfel der M. Coglians, Karnische Alpen. — Material verloren).
Nur der Abbildungstext läuft bei Gortani unter der Bezeichnung „*Actinostroma clathratum confertum*", beschrieben wird vom genannten Autor unter dem Texttitel „*Actinostroma clathratum* Nich.". — Nach E. Flügel 1959: 181 handelt es sich sehr wahrscheinlich um *Actinostroma stellulatum* Nicholson!

1915 *Actinostroma clathrathum* var. *confertum* Vinassa. — Vinassa de Regny, S. 304, Taf. 2, Fig. 7 (Ordovicium oder Silur: Clap di Milie, Karnische Alpen. — Aufbewahrung: unbekannt).

non v 1918 *Actinostroma clathratum* Nich. var. *confertum* Vin. — Vinassa de Regny, S. 111, Taf. 10, Fig. 11 (Mittel-Devon: Moräne von Givigliana, Karnische Alpen. — Aufbewahrung: Geol. Inst. Univ. Parma, R 4).
Nach E. Flügel 1958c: 178 als *Actinostroma perspicuum* Počta zu bestimmen!

Typus: Holotypus monotypicus ist das bei Vinassa (1908, Taf. 21, Fig. 14—15) abgebildete Exemplar im Geol. Institut der Universität Pisa.

Locus typicus: Lodin, zentrale Karnische Alpen.

Stratum typicum: Mittel-Devon.

Bemerkungen: Die Unterart dürfte in die normale Variationsbreite von *Actinostroma clathratum* Nicholson fallen (siehe E. Flügel 1959: 172).

Verbreitung: Mittel-Devon der Karnischen Alpen.

Actinostroma cf. *A. compactum* (Ripper, 1933)

v 1958b *Actinostroma (Actinostroma)* cf. *compactum* Ripper. — E. Flügel, S. 55 (Mittel-Devon [Givet]: Plöckenpaß, Westflanke des Kleinen Pal, Karnische Alpen. — Aufbewahrung: LMK, Nr. 42).

L v 1958c *A.* cf. *compactum*. — E. Flügel, S. 180 (Mittel-Devon: Plöckenpaß, Karnische Alpen. — Aufbewahrung: LMK, Nr. 42).

Bemerkungen: Es besteht die Möglichkeit, daß es sich bei dieser Form um *Actinostroma clathratum* Nicholson handelt.

Verbreitung: *Actinostroma compactum* wurde aus dem unteren und mittleren Devon von Australien beschrieben.

Actinostroma contextum (Počta, 1894)

* 1894 *Actinostroma contextum* Barr. — Počta, S. 144, Taf. 19/2, Fig. 8—10 (Unteres Unter-Devon [Obere Koneprus-Kalke, Pragium]: Koneprusy, Prager Becken, ČSSR).

v 1958a *Clathrodyctyon* sp. (n. sp.?, Form a). — E. Flügel, S. 155, Taf. 4, Fig. 4 (Mittel-Devon: Türnaueralm, Hochlantschgebiet N Graz. — Aufbewahrung: UGP 418).

L v   1958c *Actinostroma contextum* PoČTA. — E. FLÜGEL, S. 174, 175 (Mittel-Devon: Türnaueralm, Hochlantschgebiet N Graz. — Aufbewahrung: UGP 418).

Bemerkungen: Nach E. FLÜGEL & E. FLÜGEL-KAHLER (1968: 101) könnte die Art auch bei *Trupetostroma* eingeordnet werden.

Verbreitung: Unter- und Mittel-Devon des Prager Beckens und des Beckens von Ancenies (Frankreich).

Actinostroma crassepilatum (LECOMPTE, 1951)

*   1951   *Actinostroma crassepilatum* nov. sp. — LECOMPTE, S. 122, Taf. 13, Fig. 3 (Mittel-Devon [Gi d, Givet] und Ober-Devon [F 2, Frasne]: Becken von Dinant, Belgien).

L v   1958c *Actinostroma crassepilatum* LECOMPTE. — E. FLÜGEL, S. 177 (Oberes Mittel-Devon oder unteres Ober-Devon: Lodinut, Karnische Alpen. — Aufbewahrung: B 1, Geol. Inst. Univ. Pavia).
Es handelt sich um eine Kolonie aus dem von ANGELIS D'OSSAT (1901) als *Stromatopora concentrica* GOLDFUSS bestimmten Material.

L v   1960   *Actinostroma crassepilatum* LECOMPTE. — E. FLÜGEL & W. GRAF, S. A 22 (Mittel-Devon [Givet]: S Würmlacher Alpe, Karnische Alpen. — Aufbewahrung: UGP).

Verbreitung: Givet und Frasne von Belgien, Mähren und der Karnischen Alpen.

Actinostroma cf. *dehorneae* (LECOMPTE, 1951)

L v   1960   *Actinostroma* cf. *dehornae* LECOMPTE. — E. FLÜGEL & W. GRAF, S. A 22 (Mittel-Devon [Givet]: S Würmlacher Alpe, Karnische Alpen. — Aufbewahrung: UGP).

Verbreitung: *Actinostroma dehorneae* ist aus dem Frasne von Belgien und Mähren bekannt.

Actinostroma densatum (LECOMPTE, 1951)

*   1951   *Actinostroma densatum* nov. sp. — LECOMPTE, S. 94, Taf. 3, Fig. 7—8 (Mittel-Devon [Gi b, Givet] und Ober-Devon [F 1; F 2 g, Frasne]: Becken von Dinant, Belgien).

v ?   1958a *Actinostroma densatum* LECOMPTE. — E. FLÜGEL, S. 140, Taf. 1, Fig. 3 (Mittel-Devon: St. Pankratzen W Graz. — Aufbewahrung: UGP 468). Nach E. FLÜGEL (1958c: 171) ist die aus St. Pankratzen stammende Kolonie möglicherweise zu *Actinostroma clathratum* NICHOLSON zu stellen!

Verbreitung: Givet und Frasne von Belgien.

Actinostroma multipilatum (E. FLÜGEL, 1958 a)

v   1958a *Clathrodictyon clarum clarum* PoČTA. — E. FLÜGEL, S. 146, Taf. 2, Fig. 3 (Mittel-Devon: Kamm des Frauenkogels bei Gösting NW Graz. — Aufbewahrung: UGP 417).

v   1958a *Clathrodictyon* sp. (n. sp.?, Form c). — E. FLÜGEL, S. 156, Taf. 3, Fig. 3 (Mittel-Devon: Frauenkogel bei Graz. — Aufbewahrung: UGP 406).

*   1958a *Actinostroma multipilatum* n. sp. — E. FLÜGEL, S. 141, Taf. 5, Fig. 4 (Mittel-Devon [Givet]: St. Pankratzen bei Graz. — Aufbewahrung: UGP 467).

L v   1958c *Actinostroma multipilatum* E. FLÜGEL. — E. FLÜGEL, S. 172, 173, 174 (Mittel-Devon: Frauenkogel bei Graz. — Aufbewahrung: UGP 406, UGP 417; St. Pankratzen bei Graz. — Aufbewahrung: UGP 467).

v   1959 *Actinostroma (Actinostroma) multipilatum* E. FLÜGEL. — E. FLÜGEL, S. 165 (Mittel-Devon: St. Pankratzen bei Graz; Frauenkogel bei Graz. — Aufbewahrung: UGP 406, UGP 417, UGP 467).

L v   1961 *Actinostroma multipilatum* E. FLÜG. — H. FLÜGEL, S. 47 (Mittel-Devon [obere *Barrandei*-Schichten]: Graz. — Aufbewahrung: UGP 406, UGP 417, UGP 467).

v   1963 *Actinostroma multipilatum* E. FLÜGEL. — H. FLÜGEL, Taf. 4 (Mittel-Devon: St. Pankratzen bei Graz. — Aufbewahrung: UGP 467).

Typus: Holotypus des. ist das Exemplar UGP 467.

Locus typicus: Fundpunkt 20, St. Pankratzen W Graz.

Stratum typicum: Obere *Barrandei*-Schichten, vermutlich Givet.

Verbreitung: Mittel-Devon von Graz.

Actinostroma papillosum (BARGATZKY, 1881)

*   1881 *Stromatopora papillosa* n. sp. — BARGATZKY, S. 282 (Mittel-Devon: Schladetal, Bergisch Gladbach, Deutschland).

v   1908 *Actinostroma clathratum* NICH. — VINASSA DE REGNY, S. 179, Taf. 21, Fig. 16—17 (Mittel-Devon: Valpudia; Paluzza, Karnische Alpen. — Aufbewahrung: V 1, V 5, V 12, Geol. Inst. Univ. Pisa).
Nach E. FLÜGEL (1958c: 177) ist das aus mehreren Kolonien bestehende Originalmaterial auf *Actinostroma papillosum* und *Actinostroma clathratum* aufzuteilen!

v   1918 *Actinostroma stellulatum* NICH. var. *italicum* GORT. — VINASSA DE REGNY, S. 111, Taf. 11, Fig. 1—2 (Mittel-Devon: Val di Collina, Karnische Alpen. — Aufbewahrung: Geol. Inst. Univ. Parma).

v   1956 *Actinostroma clathratum clathratum* NICHOLSON. — E. FLÜGEL, S. 42 (Mittel-Devon: Lodin, Karnische Alpen. — Aufbewahrung: V 1, V 5, Geol. Inst. Univ. Pisa).

v   1956 *Actinostroma ferganense ferganense* RIABININ. — E. FLÜGEL, S. 44 (Mittel-Devon: Val di Collina, Karnische Alpen. — Aufbewahrung: R 3, Geol. Inst. Univ. Parma).

v   1956 *Actinostroma italicum* GORTANI. — E. FLÜGEL, S. 45 (Mittel-Devon: Val di Collina, Karnische Alpen. — Aufbewahrung: Geol. Inst. Univ. Parma).

v   1956 *Actinostroma clathratum devonense* LECOMPTE. — E. FLÜGEL, S. 43 (Mittel-Devon: Ramaz alto, Karnische Alpen. — Aufbewahrung: V 13, Geol. Inst. Univ. Pisa).

v p. p. 1958a *Actinostroma clathratum clathratum* NICHOLSON. — E. FLÜGEL, S. 135, Taf. 1, Fig. 4 (Mittel-Devon: Ölberg W Graz. — Aufbewahrung: LMJG 7512).

v   1958a *Actinostroma clathratum devonense* LECOMPTE. — E. FLÜGEL, S. 137 (Mittel-Devon: Teichalpe, Hochlantschgebiet N Graz. — Aufbewahrung: UGP 472).

v L   1958c *Actinostroma papillosum* (BARGATZKY). — E. FLÜGEL, S. 171 (Mittel-
              Devon: Ölberg bei Graz; Teichalpe im Hochlantschgebiet. — Auf-
              bewahrung: LMJG 1712, UGP 472; S. 178, Val di Collina, Karnische
              Alpen. — Aufbewahrung: R 3, Geol. Inst. Univ. Parma).
v L   1961   *Actinostroma papillosum* (BARG.). — H. FLÜGEL, S. 47, 57 (Mittel-Devon
              [untere und obere *Barrandei*-Schichten): Graz [Kalke der Hubenhalt]:
              Hochlantsch bei Graz).

Bemerkungen: Aus Prioritätsgründen müssen zahlreiche früher als *Actinostroma clathratum* bestimmte Formen nun zu *Actinostroma papillosum* gestellt werden (siehe E. FLÜGEL & E. FLÜGEL-KAHLER 1968, S. 304).

Verbreitung: Mittel-Devon von Deutschland, England, Belgien, Mähren, Karnische Alpen, Graz.

Actinostroma perspicuum (PoČTA, 1894)

v   1918   *Actinostroma clathratum* NICH. var. *confertum* VIN. — VINASSA DE
              REGNY, S. 111, Taf. 10, Fig. 11 (Mittel-Devon: Moränenschutt bei
              Givigliana, Karnische Alpen. — Aufbewahrung: R 4, Geol. Inst. Univ.
              Parma).
v   1956   *Actinostroma hebbornense perspicuum* PoČTA. — E. FLÜGEL, S. 45
              (Mittel-Devon: Moränenschutt bei Givigliana, Karnische Alpen. —
              Aufbewahrung: R 4, Geol. Inst. Univ. Parma).
L v   1958c *Actinostroma perspicuum* PoČTA. — E. FLÜGEL, S. 178 (Mittel-Devon:
              Morenenschnit bei Givigliana, Karnische Alpen. — Aufbewahrung: R 4,
              Geol. Inst. Univ. Parma).

Verbreitung: Mittel-Devon des Prager Beckens und der Karnischen Alpen.

Actinostroma regulare (YAVORSKY, 1955)

*   1955   *Actinostroma regulare* sp. nov. — YAVORSKY, S. 31, Taf. 9, Fig. 5—7
              (Mittel-Devonische Komponenzen [Givet] eines unterkarbonischen
              Konglomerates: Fluß Stepnaya Bachat, SW-Begrenzung des Kuznets-
              Beckens, USSR).
v   1958b *Actinostroma (Actinostroma) regulare* YAVORKSY. — E. FLÜGEL, S. 55
              (Mittel-Devon [Givet]: Plöckenpaß, Westhang des Kleinen Pal,
              Karnische Alpen. — Aufbewahrung: LMK, Nr. 24).
L v   1958c *Actinostroma regulare* YAVORSKY. — E. FLÜGEL, S. 180 (Mittel-Devon
              [Givet]: Plöckenpaß, Westhang des Kleinen Pal, Karnische Alpen. —
              Aufbewahrung: LMK, Nr. 24).

Verbreitung: Givet des Kuznets-Beckens, der Karnischen Alpen und von China.

Actinostroma ? stellulatum (NICHOLSON, 1886)

v p. p. 1901   *Stromatopora concentrica* GOLDFUSS. — ANGELIS D'OSSAT, S. 90 (Mittel-
              Devon [Givet]: Lodinut, Karnische Alpen. — Aufbewahrung:
              Nr. 19538c, Geol. Inst. Univ. Pavia).
        1912   *Actinostroma clathratum* NICHOLSON. — GORTANI, S. 120 (Oberes Mittel
              Devon: M. Coglians, Karnische Alpen. — Material verloren).

v   1958b *Actinostroma (Actinostroma) stellulatum* NICHOLSON. — E. FLÜGEL, S. 57 (Mittel-Devon [Givet]: Plöckenpaß, Westflanke des Kleinen Pal, Karnische Alpen. — Aufbewahrung: LMK, Nr. 14).

L v   1958c *Actinostroma stellulatum* NICHOLSON. — E. FLÜGEL, S. 177, 178 (Mittel-Devon: Lodinut; Cima del M. Coglians, Karnische Alpen. — Aufbewahrung: Nr. 19538c, Geol. Inst. Univ. Pavia, sonst Material verloren).

Verbreitung: Eifel-Stufe und Givet von Belgien, Deutschland, England, NW-Spanien, Karnische Alpen und Ostpersien.

Actinostroma stellulatum italicum (GORTAÑI, 1912)

*   1912 *Actinostroma stellulatum* NICHOLSON var. *italicum* n. f. — GORTANI, S. 121, Taf. 4, Fig. 2—4 (Unteres Mittel-Devon: M. Coglians, Karnische Alpen. — Aufbewahrung: wahrscheinlich in Verlust geraten).

L   1913 *Actinostroma stellulatum* NICH. var. *italicum* GORT. — GORTANI, S. 246 (Mittel-Devon: Forcella Monumenz, M. Coglians, Karnische Alpen. — Aufbewahrung: wahrscheinlich verloren).

v non   1918 *Actinostroma stellulatum* NICH. var. *italicum* GORT. — VINASSA DE REGNY, S. 111, Taf. 11, Fig. 1—2 (Mittel-Devon: Val di Collina, Karnische Alpen. — Aufbewahrung: Geol. Inst. Univ. Parma). Nach E. FLÜGEL (1958c: 178) als *Actinostroma papillosum* (BARGATZKY) zu bestimmen!

v   1918 *Stromatoporella socialis conferta.* — VINASSA DE REGNY, S. 118, Taf. 12, Fig. 12 (Mittel-Devon: Val di Collina, Karnische Alpen. — Aufbewahrung: R 19, Geol. Inst. Univ. Parma).

non v   1956 *Actinostroma italicum* GORTANI. — E. FLÜGEL, S. 45 (Mittel-Devon: Val di Collina; Cianevate, Karnische Alpen. — Aufbewahrung: R 19, Geol. Inst. Univ. Parma; LMK, Nr. K 10). Nach E. FLÜGEL (1958c: 179, 1959: 146) besteht das Material aus *Stromatoporella* sp. und aus *Actinostroma hebbornense* NICHOLSON!

Verbreitung: Mittel-Devon der Karnischen Alpen.

Actinostroma cf. *vastum* (POČTA, 1894)

v   1908 *Actinostroma intertextum* NICH. — VINASSA DE REGNY, S. 181, Taf. 21, Fig. 21 („Silur“: Casera Lodin; Casera Ramaz alto, Karnische Alpen. — Aufbewahrung: V 11, Geol. Inst. Univ. Pisa).

v   1956 *Actinostroma* cf. *vastum* POČTA. — E. FLÜGEL, S. 47 (Mittel-Devon: Cas. Meledis, Karnische Alpen. — Aufbewahrung: V 11, Geol. Inst. Univ. Pisa).

L v   1958c *Actinostroma* cf. *vastum* POČTA. — E. FLÜGEL, S. 177 (Mittel-Devon: Cas. Meledis, Karnische Alpen. — Aufbewahrung: V 11, Geol. Inst. Univ. Pisa).

Verbreitung: *Actinostroma vastum* wurde aus dem Mittel-Devon des Prager Beckens beschrieben.

Actinostroma verrucosum (GOLDFUSS, 1826)

*   1826   *Ceriopora verrucosa* nobis. — GOLDFUSS, S. 33, Taf. 10, Fig. 6a, b, c (Mittel-Devon: Bensberg bei Köln, Deutschland).

L   1891   *Actinostroma verrucosum* GF. sp. — FRECH, S. 684 (Oberes Mittel-Devon: Kamm Kallinkofel—Kellerwand, Karnische Alpen. — Aufbewahrung: Sammlung FRECH, Univ. Breslau, wahrscheinlich verloren).

L   1894   *Actinostroma verrucosum* GOLDF. — FRECH, S. 260 (Mittel-Devon: Wolayer Törl — Kellerwand, Karnische Alpen. — Aufbewahrung: Sammlung FRECH, Univ. Breslau, wahrscheinlich verloren).

L   1897   *Actinostroma verrucosum* (GF.). — F. ROEMER & FRECH, S. 199 (Oberes Mittel-Devon: Karnische Alpen. — Aufbewahrung: Sammlung FRECH, Univ. Breslau, wahrscheinlich verloren).

L v non   1937   *Actinostroma verrucosum* (GOLDF.). NICH. — A. MEYER, S. 266 (Mittel-Devon: Schindelgraben bei Gösting NW Graz. — Aufbewahrung: UGP 454).
Nach E. FLÜGEL (1958c: 172) nur als *Actinostroma* sp. bestimmbar!

L v non   1953   *Actinostroma verrucosum* NICH. — H. FLÜGEL, S. 68 (Mittel-Devon [*Pentamerus*-Kalk]: Graz. — Aufbewahrung: UGP 454).

Verbreitung: Unter-, Mittel- und tiefes Ober-Devon von Europa, Marokko und Australien.

Actinostroma sp.

L v   1958c   *Actinostroma* sp. — E. FLÜGEL, S. 171 (Mittel-Devon: Plabutsch; St. Gotthard bei Graz. — Aufbewahrung: UGP 421, UGP 416), S. 172 (Mittel-Devon: Fiefenmühle bei Gösting NW Graz. — Aufbewahrung: UGP 454), S. 177 (Mittel-Devon: Casera Lodin, Karnische Alpen. — Aufbewahrung: V 8a, Geol. Inst. Univ. Pisa).

L v   1961   *Actinostroma* sp. — H. FLÜGEL, S. 47 (Mittel-Devon [obere *Barrandei*-Schichten]: Graz. — Aufbewahrung: UGP).

Actinostroma sp. (n. sp. ? Form a) (E. FLÜGEL, 1956)

    1956   *Actinostroma* sp. (n. sp. ? Form a). — E. FLÜGEL, S. 47, Taf. 1, Fig. 4 (Mittel-Devon [Givet]: Findenig, Karnische Alpen. — Aufbewahrung: UGP 513).

Bemerkungen: Diese Art ist durch sehr dicke Laminae und sehr dünne und engstehende Pfeiler charakterisiert. Eine ähnliche Form fand sich im mitteldevonischen *Pentamerus*-Kalk des Plabutschgipfels W Graz (Aufbewahrung: LMJG 10097).

Verbreitung: Mittel-Devon der Karnischen Alpen.

Genus: *Gerronostroma* YAVORSKY, 1931

Gerronostroma cf. *distans* (RIPPER, 1937)

v   1958a   *Actinostroma clathratum lamellatum* LE MAITRE. — E. FLÜGEL, S. 139, Taf. 1, Fig. 2 (Mittel-Devon: Frauenkogel bei Graz. — Aufbewahrung: UGP 401).

L v   1958c *Actinostroma* cf. *distans* RIPPER. — E. FLÜGEL, S. 171 (Mittel-Devon:
                 Kamm des Frauenkogels bei Graz. — Aufbewahrung: UGP 401).
L v   1961   *Actinostroma* cf. *distans* RIPPER. — H. FLÜGEL, S. 47 (Mittel-Devon
                 [obere *Barrandei*-Schichten]: Graz. — Aufbewahrung: UGP 401).

   Verbreitung: *Gerronostroma distans* ist aus dem Mittel-Devon von Victoria
(Australien) bekannt. Die Einreihung bei *Gerronostroma* folgt dem Vorschlag von STEARN
(1966, S. 101).

Gerronostroma sp. (n. sp. A) (E. FLÜGEL, 1958 c)

v p. p.   1958a *Clathrodictyon neglectum* POČTA. — E. FLÜGEL, S. 151, Taf. 2, Fig. 6
                 (Mittel-Devon: Weg Teichwirt—Breitenauer Kreuz, Hochlantschgebiet
                 N Graz. — Aufbewahrung: UGP 485).
L v   1958c *Gerronostroma* sp. (n. sp. A). — E. FLÜGEL, S. 174 (Mittel-Devon: Wog
                 Teichwirt — Breitenauer Kreuz, Hochlantsch N Graz. —Aufbewahrung:
                 UGP 485).

   Verbreitung: Mittel-Devon von Graz.

Genus: *Plectostroma* NESTOR, 1964

Plectostroma intertextum (NICHOLSON, 1886)

*   1886   *Actinostroma intertextum* NICH. — NICHOLSON, S. 233, Taf. 7, Fig. 3—4
                 (non Fig. 5—6!) (Silur [Wenlock]: England; [Zone des *Pentamerus
                 esthonus*]: Estland).
L   1894   *Actinostroma intertextum* NICH. — FRECH, S. 233 (Silur oder Unter-
                 Devon: Südhang des Findenigkofels bei Paularo, Karnische Alpen. —
                 Aufbewahrung: Material in Breslau wahrscheinlich vernichtet).
L   1896   *Actinostroma intertextum* NICH. — FRECH, S. 200 (Unter-Devon: S-Hang
                 des Findenigkofels bei Paularo, Karnische Alpen. — Aufbewahrung:
                 Material wahrscheinlich vernichtet).
L   1908   *Actinostroma intertextum* NICH. — VINASSA DE REGNY & GORTANI, S. 605
                 (Silur: Cas. Primosio, gegenüber Monte Timau, Karnische Alpen. —
                 Aufbewahrung: unbekannt).
v non   1908   *Actinostroma intertextum* NICH. — VINASSA DE REGNY, S. 181, Taf. 21,
                 Fig. 21 (Silur: Casera Lodin; Casera Ramaz alto, Karnische Alpen. —
                 Aufbewahrung: V 11, Geol. Inst. Univ. Pisa).
                 Nach E. FLÜGEL (1958c: 177) als *Actinostroma* cf. *vastum* POČTA zu
                 bestimmen!
           1910b *Actinostroma intertextum* NICH. — VINASSA DE REGNY, S. 3 (Ordovicium:
                 Casera Meledis, Karnische Alpen. — Aufbewahrung: unbekannt).
           1915   *Actinostroma intertextum* NICHOLSON. — CHARLESWORTH, S. 397 (Silur:
                 W-Abhang des Findenigkofels bei Paularo, Karnische Alpen. — Aufbe-
                 wahrung: unbekannt).

   Bemerkungen: Das stratigraphische Niveau der Fundschichten ist nicht ge-
sichert.
   Verbreitung: Wenlock und Ludlow von England, Estland, Podolien, Ural, Altai.

Plectostroma salairicum (Yavorsky, 1930)

*   1930   *Actinostroma salairicum* sp. nov. — Yavorsky, S. 480, Taf. **2,** Fig. 1—3 (Mittel-Devon: Dorf Smyshlaevaya, Fluß Kara Chumysh, Kuznets-Gebiet, USSR).|

v   1958a   *Actinostroma hebbornense hebbornense* Nicholson. — E. Flügel, S. 141 (Mittel-Devon: Teichalpe, Hochlantschgebiet N Graz. — Aufbewahrung: UGP 483).

v   1958b   *Actinostroma (Actinostroma) salairicum* Yavorsky. — E. Flügel, S. 56 (Mittel-Devon [Givet]: Plöckenpaß, Westflanke des Kleinen Pal, Karnische Alpen. — Aufbewahrung: LMK, Nr. 2, 12, 26).

L v   1958c   *Actinostroma salairicum* Yavorsky. — E. Flügel, S. 171 (Mittel-Devon: Hochlantschgebiet. — Aufbewahrung: UGP 483), S. 179 (Mittel-Devon: Findenig, Karnische Alpen. — Aufbewahrung: UGP 511).

L v   1961   *Actinostroma salairicum* Yavorsky. — H. Flügel, S. 57 (Mittel-Devon [Kalke der Hubenhalt]: Hochlantsch N Graz. — Aufbewahrung: UGP 483).

Verbreitung: Mittel-Devon des Kuznets-Beckens, der Karnischen Alpen und von Graz.

Familia: Idiostromatidae Nicholson, 1886

Genus: Amphipora Schulz, 1883

Amphipora cf. pervesiculata (Lecompte, 1952)

L   1966   *A.* cf. *pervesiculata* Lec. — Ferrari & Vai, S. 395 (Unteres Ober-Devon [Frasne]: Monte Zermula, Karnische Alpen. — Aufbewahrung: Geol. Inst. Univ. Bologna).

Verbreitung: *Amphipora pervesiculata* wurde aus dem Frasne von Belgien, Polen und Mähren beschrieben.

Amphipora ramosa (Phillips, 1841)

*   1841   *Caunopora ramosa.* — Phillips, S. 19, Taf. 8, Fig. 22 (Mittel-Devon: Chudleigh, South Devon, England).

   1910a   *Amphipora ramosa* Phill. sp. — Vinassa de Regny, S. 48, Taf. 1, Fig. 9A, 10a, 10b (Mittel-Devon: Paluzza, Karnische Alpen. — Aufbewahrung: unbekannt).

v L   1917   *Amphipora ramosa* Phill. — F. Heritsch, S. 334 (Mittel-Devon: Zachenspitze, Hochlantschgebiet N Graz. — Aufbewahrung: UGP 435).

L   1918   *Amphipora ramosa* Phill. — F. Heritsch, Tab. II (Mittel-Devon: Hochlantsch bei Graz. — Aufbewahrung: UGP 435).

? v   1918   *Amphipora ramosa* (Phill.). — Vinassa de Regny, S. 109, Taf. 9, Fig. 14—15 (Mittel-Devon: Val di Collina, Karnische Alpen. — Aufbewahrung: R 23, Geol. Inst. Univ. Parma).

L   1929   *Amphipora ramosa* Schulz. — O. Kühn, S. 234 (Devon: Karnische Alpen).

v L   1929   *Amphipora ramosa* Phill. — Clar et al., Tab. 1 (Mittel-Devon: Hochlantsch bei Graz. — Aufbewahrung: UGP 435).

v L   1937   *Amphipora ramosa* PHILLIPS sp. — A. SCHÄFER, S. 135 (Devon [Dolomit-
                 Sandstein-Stufe]: Florianiberg S Graz. — Aufbewahrung: UGP 432).
v   1938   *Amphipora ramosa* PHILLIPS sp. — A. SCHÄFER, S. 114, Abb. 1 (Mittel-
                 Devon [Dolomit-Sandstein-Stufe]: Florianiberg S Graz. — Aufbewah-
                 rung: UGP 432).
v L   1953   *Amphipora ramosa* PHILL. — H. FLÜGEL, S. 61, 78 (Devon [Dolomit-
                 Sandstein-Stufe]: Graz; [*Quadrigeminum*-Bank]: Hochlantsch. — Auf-
                 bewahrung: UGP 432, UGP 435).
v   1958a   *Amphipora ramosa ramosa* (PHILLIPS). — E. FLÜGEL, S. 163, Taf. 5,
                 Fig. 6—7 (Devon [Dolomit-Sandstein-Stufe]: Florianiberg S Graz;
                 [*Pentamerus*-Kalk]: Teichalpenhotel, Hochlantschgebiet; [*Quadri-
                 geminum*-Bank]: Zachenspitze, Hochlantschgebiet N Graz. — Auf-
                 bewahrung: UGP 432, UGP 436, UGP 435, UGP 462, UGP 464 [West-
                 flanke des Buchkogels]).
L v   1958   *Amphipora ramosa*. — H. FLÜGEL, S. 65, 66 (Mittel-Devon: Graz. —
                 Aufbewahrung: UGP 432).
L v   1960   *Amphipora ramosa ramosa* (PHILLIPS). — E. FLÜGEL & W. GRAF, S. A 22
                 (Mittel-Devon [Givet]: Kronhofgraben; Kronhofalpe, Karnische Alpen.
                 — Aufbewahrung: UGP).
L v   1960   *Amphipora ramosa* (PHILL.). — H. FLÜGEL, S. 116, 118 (Mittel-Devon
                 [Eifel-Stufe]: Graz. — Aufbewahrung: UGP 432).
L v   1961   *Amphipora ramosa* (PHILL.). — H. FLÜGEL, S. 59 (Mittel-Devon [*Calceola*-
                 Niveau]: Hochlantsch N Graz. — Aufbewahrung: UGP).
L   1966   *Amphipora ramosa* (PHILL.). — FERRARI & VAI, S. 393 (Mittel-Devon
                 [Givet]: Monte Zermula, Karnische Alpen. — Aufbewahrung: Geol.
                 Inst. Univ. Bologna).
L   1967   *Amphipora ramosa* (PHILL.). — PÖLSLER, S. 40 (Mittel-Devon [Givet]:
                 Plöckentunnel, Karnische Alpen. — Aufbewahrung: UGP).

Verbreitung: Weltweit im Givet und Frasne verbreitet.

Amphipora n. sp. aff. *ramosa* (PHILLIPS, 1841)

L v   1962   *Amphipora* n. sp. aff. *ramosa* (PHILLIPS). — ERBEN, H. FLÜGEL & WAL-
                 LISER, S. 74 (Unter-Devon [höheres Unter-Ems]: S Wolayer-Paß, zen-
                 trale Karnische Alpen. — Aufbewahrung: UGP).

Bemerkungen: Bei der von E. FLÜGEL bestimmten Art handelt es sich um eine
mit *Amphipora ramosa* vergleichbare, jedoch sicher nicht identische neue Art, die bisher
nicht näher beschrieben wurde.

Amphipora ramosa desquamata (LECOMPTE, 1952)

*   1952   *Amphipora ramosa* (PHILLIPS) mut. *desquamata* nov. mut. — LECOMPTE,
                 S. 382, Taf. 69, Fig. 1, 1a, 2 (Mittel-Devon [Gi b?, Gi d?, Givet] und
                 Ober-Devon [F 1b, Frasne]: Becken von Dinant, Belgien).
L v   1961   *Amphipora ramosa desquamata* LECOMPTE. — H. FLÜGEL, S. 43, 44
                 (Mittel-Devon [Dolomit-Sandstein-Folge]: Graz. — Aufbewahrung:
                 UGP).
L   1966   *Amphipora ramosa desquamata* LECOMPTE. — FERRARI & VAI, S. 395
                 (Ober-Devon [Frasne]: Monte Zermula, Karnische Alpen. — Auf-
                 bewahrung: Geol. Inst. Univ. Bologna).

Verbreitung: Mittel- und unteres Ober-Devon von Belgien, Polen, Jugoslawien und Mittelasien.

Amphipora sp.

    1910a *Amphipora ramosa* PHILL. sp. — VINASSA DE REGNY, S. 48, Taf. 1, Fig. 9A, 10a, 10b (Mittel-Devon: Paluzza, Karnische Alpen. — Aufbewahrung: unbekannt).
Nach E. FLÜGEL (1958c: 178) nur als *Amphipora?* sp. bestimmbar!

v   1918 *Amphipora ramosa* (PHILL.). — VINASSA DE REGNY, S. 109, Taf. 9, Fig. 14—15 (Mittel-Devon: Val di Collina, Karnische Alpen. — Aufbewahrung: R 23, Geol. Inst. Univ. Parma).

v   1956 *Amphipora* sp. — E. FLÜGEL, S. 56 (Mittel-Devon: Val di Collina, Karnische Alpen. — Aufbewahrung: R 23, Geol. Inst. Univ. Parma).

L v 1958c *Amphipora* sp. — E. FLÜGEL, S. 172 (Mittel-Devon: Buchkogel W Graz. — Aufbewahrung: UGP 464), S. 178 (Mittel-Devon: Val di Collina. — Aufbewahrung: R 23, Geol. Inst. Univ. Parma; Pian di Germula, Karnische Alpen. — Aufbewahrung: unbekannt).

L   1962 *Amphipora* sp. — GRÄF, S. A 30 (Mittel-Devon: Leitenkogel, Karnische Alpen. — Aufbewahrung: UGP).

Genus: *Stachyodes* BARGATZKY, 1881

Stachyodes sp.

L v 1953 *Stachyodes* sp. — H. FLÜGEL, S. 68 (Mittel-Devon [*Pentamerus*-Kalk]: Graz. — Aufbewahrung: UGP 431).

v   1958a *Stachyodes* sp. — E. FLÜGEL, S. 163 (Mittel-Devon: Fiefenmühle bei Gösting NW Graz. — Aufbewahrung: UGP 431).

Stachyodes ? sp.

v   1918 *Stachyodes verticillata* M'COY sp. — VINASSA DE REGNY, S. 119, Taf. 12, Fig. 13 (Mittel-Devon: Val di Collina, Karnische Alpen. — Aufbewahrung: R 24, Geol. Inst. Univ. Parma).

L v 1937 *Stachyodes verticillata* (M'COY) NICH. var. *minima* sp. — A. MEYER, S. 265 (Mittel-Devon: Schindelgraben bei Gösting NW Graz. — Aufbewahrung: UGP 431).
Die Unterart wurde nie beschrieben (nomen nudum).

Familia: *Stromatoporidae* NICHOLSON, 1886

Genus: *Ferestromatopora* YAVORSKY, 1955

Ferestromatopora ? *columnaris* (POČTA, 1894)

*   1894 *Stromatopora columnaris* BARR. — POČTA, S. 158, Taf. 18/2, Fig. 8—11 (Mittel-Devon [f-2]: Koneprusy, Prager Becken, ČSSR).

L   1912b *Stromatopora columnaris* BARR. sp. — GORTANI, S. 253 (Mittel-Devon: Cianevate, Karnische Alpen. — Aufbewahrung: unbekannt).

v   1956   *Stromatopora columnaris* POČTA. — E. FLÜGEL, S. 51, Taf. 1, Fig. 8
                (Mittel-Devon: Val di Collina, Karnische Alpen. — Aufbewahrung:
                Geol. Inst. Univ. Parma, R 9).

Bemerkungen: Die Entwicklung von deutlichen Paralaminae in Verbindung mit
verschmolzenen Skelettelementen mit cellularer Mikrostruktur spricht für eine Ein-
ordnung der Art bei *Ferestromatopora* YAVORSKY.

Verbreitung: Mittel-Devon von Böhmen und der Karnischen Alpen.

Ferestromatopora ? cf. *F.* ? *columnaris* (POČTA, 1894)

?   1912a *Stromatopora* cfr. *columnaris* BARRANDE in POČTA. — GORTANI, S. 123,
                Taf. 4, Fig. 8—9 (Unteres Mittel-Devon: Cianevate, 2200 m, Karnische
                Alpen. — Aufbewahrung: Material verloren).
                Nach VINASSA DE REGNY 1918: 116 wäre diese Form als *Stromatopora
                columnaris carnica* VINASSA DE REGNY zu bestimmen!
v   1918   *Stromatopora concentrica* GOLDF. — VINASSA DE REGNY, S. 113, Taf. 11,
                Fig. 3—5 (Mittel-Devon: Val di Collina. — Aufbewahrung: Geol. Inst.
                Univ. Parma, R 9).
                Nach E. FLÜGEL 1958c: 178 ist das Originalmaterial als *Stromatopora*
                cf. *columnaris* zu bestimmen; weitere von VINASSA DE REGNY genannte
                Fundpunkte sind Creta di Timau a Pront und Valpudia.
L   1958c *Stromatopora* cf. *columnaris* POČTA. — E. FLÜGEL, S. 178 (Mittel-Devon:
                Cianevate [Material vernichtet]; Val di Collina [R 9, Geol. Inst. Univ.
                Parma]).

Ferestromatopora gentilis (GORTANI, 1912 a)

*   1912a *Stromatopora columnaris* BARRANDE in POČTA var. *gentilis* n. f. —
                GORTANI, S. 124, Taf. 4, Fig. 10—11 (Oberes Mittel-Devon: M. Coglians,
                2600 m, Karnische Alpen. — Aufbewahrung: Material vernichtet).
L   1912b *Stromatopora columnaris* BARR. sp. var. *gentilis* GORT. sp. — GORTANI,
                S. 256 (Oberes Mittel-Devon: Forcella Monumenz, Karnische Alpen. —
                Aufbewahrung: Material verloren).
         1918   *Stromatopora gentilis* GORT. var. — VINASSA DE REGNY, S. 115, Taf. 12,
                Fig. 10 (Mittel-Devon: Val di Collina, Karnische Alpen. — Auf-
                bewahrung: Geol. Inst. Univ. Parma).
L   1958c *Stromatopora gentilis* GORTANI. — E. FLÜGEL, S. 178 (Mittel-Devon:
                M. Coglians, Karnische Alpen. — Material vernichtet).
         1962   *Stromatopora gentilis* GORTANI. — ASSERETO, S. 9, Taf. 1, Fig. 6—7
                (Mittel-Devon: Mte. Osternig, Karnische Alpen. — Aufbewahrung:
                Paläont. Institut der Universität Milano).

Typus: Das Originalmaterial wurde in Bologna vernichtet, daher wäre ein Neotypus
zu bestimmen.

Locus typicus: M. Coglians, 2600 m, Karnische Alpen.

Stratum typicum: Givet.

Bemerkungen: Nach der Abbildung des Vertikalschliffes handelt es sich um eine
Art von *Ferestromatopora*.

Verbreitung: Mittel-Devon der Karnischen Alpen.

Ferestromatopora tyrganensis (YAVORSKY, 1955)

* 1955 *Ferestromatopora tyrganensis* sp. nov. — YAVORSKY, S. 111, Taf. 59, Fig. 2—3 (Mittel-Devon [Givet]: Salair, USSR).

v 1958a *Stromatopora concentrica concentrica* GOLDFUSS. — E. FLÜGEL, S. 157, Taf. 1, Fig. 5 (Mittel-Devon: Frauenkogel-Osthang bei Gösting NW Graz. — Aufbewahrung: UGP 422).

L v 1958c *Ferestromatopora tyrganensis* YAVORSKY. — E. FLÜGEL, S. 175 (Mittel-Devon: Frauenkogel bei Gösting NW Graz. — Aufbewahrung: UGP 422).

L v 1961 *Ferestromatopora tyrganensis* YAVORSKY. — H. FLÜGEL, S. 48 (Mittel-Devon [obere *Barrandei*-Schichten]: Graz. — Aufbewahrung: UGP 422).

Verbreitung: Mittel-Devon des Salair; Belgien; Deutschland; Graz.

Genus: *Hermatostroma* NICHOLSON, 1886

Hermatostroma beuthii (BARGATZKY, 1881)

* 1881 *Stromatopora beuthii* n. sp. — BARGATZKY, S. 274, Abb. 4 (Mittel-Devon: Schladetal, Rheinisches Schiefergebirge, Deutschland).

L 1887 *Stromatopora beuthi* BARG. — PENECKE, S. 275 (Devon: Osternig bei Bad Vellach, Kärnten. — Material verloren).

1912a *Stromatopora beuthi* BARGATZKY. — GORTANI, S. 126, Taf. 4, Fig. 18—19 (Oberes Mittel-Devon: M. Coglians, 2600 m, Karnische Alpen. — Material vernichtet).

L ? 1912b *Stromatopora beuthi* BARG. — GORTANI, S. 256 (Oberes Mittel-Devon: Forcella Monumenz, 2600 m, Karnische Alpen. — Material vernichtet).

v non 1918 *Stromatopora beuthi* BARG. — VINASSA DE REGNY, S. 114 (Mittel-Devon: Val di Collina, Karnische Alpen. — Aufbewahrung: Geol. Inst. Univ. Parma, Nr. R 12). Nach E. FLÜGEL 1958c: 178 als *Syringostroma* sp. zu bestimmen!

L 1929 *Parallelopora beuthii* (BARG.) m. — KUHN, S. 233 (Devon: Karnische Alpen). Diskussion der beschriebenen Formen!

L 1937 *Parallelopora beuthii* BARG. — A. MEYER, S. 266 (Mittel-Devon: Schindelgraben bei Gösting N Graz. — Material verloren).

L 1953 *Parallelopora beuthi* BARGATZKY. — H. FLÜGEL, S. 68 (Mittel-Devon [*Pentamerus*-Kalk]: Graz. — Material verloren).

non v 1956 *Parallelopora beuthi* (BARGATZKY). — E. FLÜGEL, S. 52 (Mittel-Devon: Val di Collina, Karnische Alpen. — Aufbewahrung: Geol. Inst. Univ. Parma, R 16). Diese von VINASSA DE REGNY (1918: 114) als *Stromatopora beuthi radiata* bezeichnete Form ist nach E. FLÜGEL 1958c: 179 als selbständige Art zu betrachten und muß zu *Syringostroma* gestellt werden!

v 1958b *Hermatostroma beuthi* (BARGATZKY). — E. FLÜGEL, S. 59 (Mittel-Devon [Givet]: Plöckenpaß, Westflanke des Kleinen Pal, Karnische Alpen. — Aufbewahrung: LMK, Nr. 38).

Bemerkungen: Die Art wurde zuletzt durch LECOMPTE (1952: 253) revidiert. STEARN (1966: 109) hat darauf hingewiesen, daß die Art vermutlich zu einer neuen, von *Hermatostroma* durch eine zellulare Mikrostruktur unterschiedenen Gattung zu stellen ist.

3

Verbreitung: Mittel-Devon von Deutschland, England, Ural, Kuznets-Becken, SW-China.

Hermatostroma cf. *episcopale* (Nicholson, 1892)

L   1961   *Hermatostroma* cf. *episcopale* Nich. — H. Flügel, S. 58 (Mittel-Devon [*Calceola*-Schichten]: Hochlantsch N Graz. — Aufbewahrung: unbekannt).

Verbreitung: *Hermatostroma episcopale* wurde aus dem Mittel-Devon von Deutschland, England, Belgien, Frankreich und China sowie aus dem unteren Ober-Devon von Polen und aus Canada beschrieben.

Hermatostroma macroporum (Vinassa de Regny, 1908)

*   1908   *Actinostroma clathratum* var. *macropora*. — Vinassa de Regny, S. 180, Taf. 21, Fig. 11—13 (Mittel-Devon: Lodin, Karnische Alpen. — Aufbewahrung: Geol. Inst. Univ. Pisa).

v   1918   *Actinostroma clathratum* Nich. — Vinassa de Regny, S. 110, Taf. 10, Fig. 10 (Mittel-Devon: Val Bertat, Karnische Alpen. — Aufbewahrung: Geol. Inst. Univ. Parma, R 1).

v   1956   *Actinostroma macropora* Vinassa. — E. Flügel, S. 46, Taf. 1, Fig. 3 (Mittel-Devon: Casera Lodin; Findenig; Casera Val Bertat, Karnische Alpen. — Aufbewahrung: Geol. Inst. Univ. Parma).

L   1958c *Hermatostroma macroporum* (Vinassa). — E. Flügel, S. 180 (Mittel-Devon: M. Coglians; Casera Val Bertat, Karnische Alpen. — Aufbewahrung: Geol. Inst. Univ. Parma).

Typus: Holotypus monotypicus ist das von Vinassa de Regny (1908, Taf. 21, Fig. 11—13) abgebildete Exemplar im Geol. Institut der Universität Pisa.

Locus typicus: Lodin, Karnische Alpen.

Stratum typicum: Mittel-Devon.

Bemerkungen: Die Unterart ist nach E. Flügel 1959: 113 aufzuwerten und zur Gattung *Hermatostroma* zu stellen.

Verbreitung: Mittel-Devon der Karnischen Alpen.

Hermatostroma roemeri (Nicholson, 1886)

*   1886   *Idiostroma roemeri*. — Nicholson, S. 100, Taf. 9, Fig. 6—11 (Mittel-Devon: Hebborn, Paffrath, Deutschland).

L   1961   *Idiostroma roemeri* Nich. — H. Flügel, S. 58 (Mittel-Devon [Calceola-Schichten]: Hochlantsch N Graz. — Aufbewahrung: unbekannt).

Verbreitung: Givet von Deutschland, Frankreich und Mähren; Mittel-Devon von Michigan.

Hermatostroma cf. *roemeri* (Nicholson, 1886)

     1918   *Idiostroma* cfr. *roemeri* Nich. — Vinassa de Regny, S. 119 (Mittel-Devon: Val di Collina; Monumenz, Karnische Alpen. — Aufbewahrung: Geol. Inst. Univ. Parma?).

Verbreitung: siehe oben.

Hermatostroma cf. *schlüteri* (Nicholson, 1892)

1918   *Hermatostroma* cfr. *schlüteri* Nich. — Vinassa de Regny, S. 119 (Mittel-Devon: Creta di Timan a pront, Kanarische Alpen. — Aufbewahrung: Geol. Inst. Univ. Parma?).

Verbreitung: Givet von Deutschland.

Hermatostroma sp.

L v   1958c *Hermatostroma* sp. — E. Flügel, S. 172 (Mittel-Devon: Westflanke der Kanzel bei Graz. — Aufbewahrung: UGP 452).

L v   1961 *Hermatostroma* sp. — H. Flügel, S. 52 (Mittel-Devon: [Kanzelkalk]: Graz. — Aufbewahrung: UGP 452).

Genus: *Stromatopora* Goldfuss, 1826

Stromatopora celloniensis (Charlesworth, 1915)

*   1915 *Stromatopora celloniensis* n. sp. — Charlesworth, S. 384, Taf. 34, Fig. 5a, 6, 9, Abb. 5b (Unter-Devon: Cellon; Seekopf-Thörl, zentrale Karnische Alpen. — Material verloren).

Typus: Da das aus 6 Kolonien bestehende Material in Verlust geraten ist, wäre ein Neotypus zu bestimmen.

Locus typicus: Cellonkofel oder Seekopf-Thörl bzw. Wolayer See, Karnische Alpen.

Stratum typicum: Unter-Devon.

Bemerkungen: Die Zuordnung der Art ist unklar, da die Beschreibung nicht mit den in den Abbildungen erkennbaren Merkmalen übereinstimmt. Nach E. Flügel 1958c: 178 ist die Art möglicherweise zu *Hermatostroma* zu stellen; Galloway & St. Jean (1957: 251) synonymisieren die Art mit *Hermatostroma beuthi* (Bargatzky).

Verbreitung: Unter-Devon der Karnischen Alpen.

Stromatopora columnaris carnica (Vinassa de Regny, 1918)

1912a *Stromatopora* cfr. *columnaris* Barrande in Počta. — Gortani, S. 123, Taf. 4, Fig. 8—9 (Unteres Mittel-Devon: Cianevate, 2200 m, Karnische Alpen. — Material vernichtet).

*   1918 *Stromatopora columnaris* Barr. var. *carnica* n. f. — Vinassa de Regny, S. 116 (Mittel-Devon: Val di Collina, Karnische Alpen. — Aufbewahrung: Geol. Inst. Univ. Parma?).

Typus: Da das Originalmaterial in Bologna vernichtet ist, wäre ein Neotypus zu bestimmen.

Locus typicus: Unsicher, siehe unten!

Stratum typicum: Mittel-Devon.

Bemerkungen: Vinassa de Regny hat die von Gortani als *Stromatopora* cf. *columnaris* bestimmte Form als selbständige Unterart von *Stromatopora columnaris* Počta betrachtet. Das Material von Gortani stammt von Cianevate, das Material von Vinassa de Regny von Val di Collina. Es ist zu klären, ob eine Fundortsverwechslung vorliegt. Nach der Abbildung kann es sich um *Stromatopora* oder um *Ferestromatopora* handeln.

Verbreitung: Mittel-Devon der Karnischen Alpen.

Stromatopora ? cf. *S.* ? *compta* (POČTA, 1894)

L v 1962 *Stromatoporella* cf. *compta* (POČTA). — ERBEN, H. FLÜGEL & WALLISER, S. 76 (Unter-Devon [Unter-Ems]: Seewarte, zentrale Karnische Alpen. — Aufbewahrung: UGP).

Bemerkungen: GALLOWAY (1957: 447) stellt die Art zu *Ferestromatopora*. Da die Tangentialschliffe des Typusmaterials Strukturen zeigen, die an Ringpfeiler erinnern, wurde die Art von E. FLÜGEL (in ERBEN et al. 1962) zu *Stromatoporella* gestellt. Wie POČTA betont, ist das Material sehr schlecht erhalten, eine Neuuntersuchung wäre wünschenswert.

Verbreitung: *Stromatopora compta* wurde aus dem Mittel-Devon [f-2] des Prager Beckens beschrieben.

Stromatopora concentrica (GOLDFUSS, 1826)

* 1826 *Stromatopora concentrica* nobis. — GOLDFUSS, S. 22, Taf. 8, Fig. 5a, b, c (Mittel-Devon [„Übergangskalk"]: Gerolstein, Eifel, Deutschland).

L 1843 *Stromatopora concentrica* GOLDF. — UNGER, S. 73 (Devon: Plabutsch bei Graz. — Aufbewahrung: unbekannt).

L 1850 *Stromatopora concentrica* GOLDFUSS. — MURCHISON, S. 7 (Mittel-Devon: Plabutschgipfel bei Graz. — Aufbewahrung: unbekannt).

L 1871 *Stromatopora concentrica* GOLDF. — STUR, S. 128 (Mittel-Devon: Plabutschgipfel bei Graz. — Aufbewahrung: unbekannt).

L 1884 *Stromatopora concentrica* GOLDFUSS. — STACHE, S. 304, 320 (Silur oder Devon: Lesestein vom Seekopf, Karnische Alpen. Devon: W-Flanke des Kollerkogels bei Graz. — Aufbewahrung: Material verloren).

L 1887 *Stromatopora concentrica* GOLDF. — PENECKE, S. 269, 271, 275 (Devon: Pasterkfelsen bei Bad Vellach in Kärnten; Osternig, Karnische Alpen. — Aufbewahrung: Material verloren).
Nach E. FLÜGEL 1958c: 177 handelt es sich möglicherweise um *Actinostroma*? sp.

non v L 1890 *Stromatopora concentrica* GOLDF. — PENECKE, S. 26 (Mittel-Devon: Hochlantsch N Graz. — Aufbewahrung: UGP 418 (*Actinostroma contextum* POČTA).

L 1891 *Stromatopora concentrica* GF. s. str. — FRECH, S. 684 (Oberes Mittel-Devon: Kamm Kollinkofel—Kellerwand, Karnische Alpen. — Aufbewahrung: früher Sammlung FRECH, Universität Breslau, wahrscheinlich vernichtet).

1894 *Stromatopora concentrica* GF. — PENECKE, S. 603 (Mittel-Devon [*Barrandei*-Schichten]: Graz; Hochlantsch N Graz. — Aufbewahrung: UGP).

L 1894 *Stromatopora concentrica* GOLDF. — FRECH, S. 261 (Mittel-Devon: Kamm Kollinkofel—Kellerwand, Karnische Alpen. — Aufbewahrung: früher Sammlung FRECH, Univ. Breslau, wahrscheinlich vernichtet).

L 1894 *Stromatopora concentrica* GOLDF. — STACHE, S. 292 (Mittel-Devon: Plabutsch bei Graz), S. 341 (Devon: Seekopf, Karnische Alpen. — Material in Verlust geraten).

? 1895 *Stromatopora concentrica* GOLDF. — D'OSSAT, S. 179 (Devon: Karnische Alpen. — Aufbewahrung: unbekannt).

? 1901 *Stromatopora concentrica* GOLDF. — ANGELIS D'OSSAT, S. 29, Taf. 1, Fig. 22 (Devon: Lodinut, Karnische Alpen. — Aufbewahrung: Geol. Inst. Univ. Pavia).
Nach E. FLÜGEL (1958a: 136) dürfte es sich um eine Art von *Actinostroma* handeln! Nach E. FLÜGEL (1958c: 177) besteht das Originalmaterial aus mehreren Arten (*Anostylostroma*? sp., *Actinostroma crassepilatum* LECOMPTE, *Actinostroma stellulatum* NICHOLSON und *Stromatopora concentrica* GOLDFUSS).

1910a *Stromatopora concentrica* GDFS. — VINASSA DE REGNY, S. 46, Taf. 1, Fig. 6 (Mittel-Devon: Paluzza, Karnische Alpen. — Aufbewahrung: unbekannt).

non 1912a *Stromatopora concentrica* GOLDFUSS em. — GORTANI, S. 123, Taf. 4, Fig. 6—7 (Unteres Mittel-Devon: M. Coglians, 2700 m, Karnische Alpen. — Aufbewahrung: Material verloren).
Nach E. FLÜGEL (1958c: 176) ist die abgebildete Form zu *Syringostroma forojuliense* (VINASSA DE REGNY) zu stellen!

L ? 1912b *Stromatopora concentrica* GOLDF. sp. — GORTANI, S. 246, 256, 257 (Mittel-Devon: Forcella Monumenz, Coglians, Casera Monumenz, Karnische Alpen. — Aufbewahrung: Material verloren).

L 1915 *Stromatopora concentrica* GOLDF. — HERITSCH, S. 582, 583, 593, 594, 595, 596, 597, 598, 599, 600, 601 (Mittel-Devon: Hochtrötsch bei Frohnleiten N Graz; Pleschkogel bei Rein NW Graz; Buchkogel; Ölberg; Kollerkogel; Gaisbergsattel; Plabutsch; Marderberg; Frauenkogel bei Graz; St. Gotthard N Graz; Rannachgraben; Admonter Kogel bei Graz; Hintere Türnau und Breitalmhalt, Hochlantschgebiet N Graz. — Aufbewahrung: UGP, meist jedoch nicht mehr sicher verifizierbar).

L non v 1917 *Stromatopora concentrica* GOLDF. — HERITSCH, S. 66, 69, 73, 74, 314, 319, 320, 331, 341 (Mittel-Devon: Plabutsch; Raacher Berg; SW-Flanke der Rannach; Türnauergraben; Türnauer Alpe; Wildkogel; Harterkogel; Breitalmhalt; Teichalpe; Tobergraben, Hochlantschgebiet N Graz. — Aufbewahrung: z. T. UGP; soweit das Material noch verifizierbar ist, handelt es sich um andere Arten!).

v non 1918 *Stromatopora concentrica* GLDFSS. — VINASSA DE REGNY, S. 113, Taf. 11, Fig. 3—5 (Mittel-Devon: Val di Collina; Creta di Timau a Pront; Valpudia, Karnische Alpen. — Aufbewahrung: Geol. Inst. Univ. Parma, R 9 [Val di Collina]).
Das abgebildete Exemplar ist nach E. FLÜGEL (1958c: 178) als *Stromatopora* cf. *columnaris* POČTA zu bestimmen!

L 1918 *Stromatopora concentrica* GOLDF. — HERITSCH, Tab. 1 („Unter-Devon": Graz; Hochlantsch N Graz. — Aufbewahrung: z. T. UGP).

L 1927 *Stromatopora concentrica* GOLDF. — HERITSCH, S. 172 (Mittel-Devon: Pasterkfelsen bei Bad Vellach, Kärnten. — Aufbewahrung: Material verloren).

L 1929 *Stromatopora concentrica* L. — CLAR et al., S. 15 (Mittel-Devon [Osser-Kalk]: Frieskogel, Hochlantschgebiet N Graz. — Material verloren).

L 1937 *Stromatopora concentrica* GOLDF. — A. MEYER, S. 266 (Mittel-Devon: Schindelgraben bei Gösting, Graz. — Material verloren).

L 1953 *Stromatopora concentrica* GOLDF. — H. FLÜGEL, S. 65, 68, 73, 74, 75, 77 (Mittel-Devon [Korallenkalk]: Graz; [*Pentamerus*-Bank]: Graz;

[Osserkalk]: Hochlantsch; [*Pentamerus* Niveau]: Hochlantsch; [Kalke der Hubenhalt; *Calceola*-Schichten]: Hochlantsch N Graz. — Aufbewahrung: z. T. UGP Graz. Es handelt sich um das von F. HERITSCH bestimmte Material).

non v   1958 a   *Stromatopora concentrica concentrica* GOLDFUSS. — E. FLÜGEL, S. 157, Taf. 1, Fig. 5 (Mittel-Devon: Frauenkogel bei Gösting, St. Gotthard N Graz. — Aufbewahrung: UGP 422 [Frauenkogel]).
Nach E. FLÜGEL (1958c: 175) als *Ferestromatopora tyrganensis* YAVORSKY zu bestimmen!

v L   1958 c   *Stromatopora concentrica* GOLDFUSS. — E. FLÜGEL, S. 177 (Oberes Mittel-Devon oder unteres Ober-Devon: Lodinut, Karnische Alpen. — Aufbewahrung: Geol. Inst. Univ. Pavia, Nr. 19538a).

? L   1961   ? *Stromatopora concentrica* GOLDF. — H. FLÜGEL, S. 56 (Mittel-Devon [Kalke der Hubenhalt]: Hochlantsch N Graz. — Aufbewahrung: UGP).

Bemerkungen: Die Art gilt bis in die jüngste Zeit sehr zu Unrecht als „Sackname" für mittel- und oberde-vonische Stromatoporen. Trotz der langen Synonymieliste dürfte die Art im Devon von Graz und der Karnischen Alpen nur selten auftreten.

Verbreitung: Mittel-Devon von Deutschland, England, Polen, UdSSR, Indochina, Australien; Ober-Devon: UdSSR.

Stromatopora cf. *florida* (NOVAK in POČTA, 1894)

L v   1960   *Stromatopora* cf. *florida* NOVAK in POČTA. — E. FLÜGEL & W. GRÄF, S. A 22 (Mittel-Devon [Givet]: Würmlacher Alpe, Karnische Alpen. — Aufbewahrung: UGP).

Verbreitung: Devon (f 2) des Prager Beckens, ČSSR.

Stromatopora sp.

   1884   *Stromatopora* sp. — STACHE (Devon: Oisternigrücken, Karnische Alpen. — Aufbewahrung: unbekannt).

L   1932   *Stromatopora* sp. — F. HERITSCH, S. 152 (Devon [Schöckelkalk]: Deutsch-Feistritz N Graz. — Aufbewahrung: unbekannt).

L   1935   *Stromatopora* sp. — HABERFELLNER, S. 13 (Mittel-Devon: Linseck; Hochstein; N vom Reichenstein, Eisenerzer Alpen, Obersteiermark. — Material in Verlust geraten).

L   1941   *Stromatopora* sp. — SEELMEIER, S. 76 (Devon [„unter dem Schöckelkalk"]: Elektrizitätswerk Peggau N Graz. — Aufbewahrung: unbekannt).

L   1953   *Stromatopora* sp. — H. FLÜGEL, S. 81 (Devon [Tonschiefer-Fazies]: N Graz. — Aufbewahrung: unbekannt).

v   1956   *Stromatopora* sp. — E. FLÜGEL, S. 52 (Mittel-Devon: Creta di Timau a Pront; Val di Collina, Karnische Alpen. — Aufbewahrung: R 11, R 10, Geol. Inst. Univ. Parma).

v   1958 b   *Stromatopora* sp. — E. FLÜGEL, S. 58 (Mittel-Devon [Givet]: Plöckenpaß, West-Flanke des Kleinen Pal, KarnischeAlpen. — Aufbewahrung: LMK, Nr. 4, LMK, Nr. 28).

L v   1960   *Stromatopora* sp. — E. FLÜGEL & W. GRÄF, S. A 22 (Mittel-Devon [Givet]: S Würmlacher Alpe, Karnische Alpen. — Aufbewahrung: UGP).

Stromatopora ? sp.

L v   1958c   *Stromatopora*? sp. — E. FLÜGEL, S. 174 (Mittel-Devon: Fiefenmühle bei Gösting NW Graz. — Aufbewahrung: UGP), S. 175 (Mittel-Devon: St. Gotthard N Graz. — Aufbewahrung: UGP 438), S. 176 (Mittel-Devon: Stübinggraben W Graz), S. 177 (Mittel-Devon: Cas. Lodin, Karnische Alpen. — Aufbewahrung: V 2, Geol. Inst. Univ. Pisa).

L v   1961   *Stromatopora*? sp. — H. FLÜGEL, S. 48 (Mittel-Devon [obere *Barrandei*-Schichten]: Graz. — Aufbewahrung: UGP).

Genus: *Syringostroma* NICHOLSON, 1875

Syringostroma cadornai (VINASSA DE REGNY, 1918)

v *   1918   *Stromatopora cadornai* n. f. — VINASSA DE REGNY, S. 115, Taf. 12, Fig. 1—4 (Mittel-Devon: Val di Collina, Karnische Alpen. — Aufbewahrung: Geol. Inst. Univ. Parma, R 22).

v   1956   *Trupetostroma*? sp. — E. FLÜGEL, S. 51 (Mittel-Devon: Val di Collina, Karnische Alpen. — Aufbewahrung: Geol. Inst. Univ. Parma, R 22).

L v   1958c   *Syringostroma cadornai* (VINASSA). — E. FLÜGEL, S. 179 (Mittel-Devon: Val di Collina, Karnische Alpen. — Aufbewahrung: Geol. Inst. Univ. Parma, R 22).

      1962   *Syringostroma cadornai* (VINASSA DE REGNY). — ASSERETO, S. 9, Taf. 3, Fig. 6—7 (Mittel-Devon: Monte Osternig, Karnische Alpen. — Aufbewahrung: Geol. Inst. Univ. Milano).

Typus: Holotypus monotyp. ist das von VINASSA DE REGNY 1918 abgebildete Exemplar R 22, Geol. Inst. Univ. Parma.

Locus typicus: Val di Collina, Karnische Alpen.

Stratum typicum: Mittel-Devon, nicht näher gegliedert.

Verbreitung: Mittel-Devon der Karnischen Alpen.

Syringostroma capitatum (GOLDFUSS, 1826)

*   1826   *Tragos capitatum* nobis. — GOLDFUSS, S. 13, Taf. 5, Fig. 6a, 6b (Mittel-Devon: Bensberg, Sauerland, Deutschland).

L v   1962   *Syringostroma capitatum* (GOLDF.). — ERBEN, H. FLÜGEL & WALLISER, S. 76 (Unter-Devon [unteres Ems]: Seewarte, zentrale Karnische Alpen. — Aufbewahrung: UGP).

L v   1964   *Syringostroma capitatum* (GOLDF.). — H. FLÜGEL, S. 411 (Unter-Devon [unteres Ems]: Seewarte und Seekopf, zentrale Karnische Alpen. — Aufbewahrung: UGP).

Verbreitung: Mittel-Devon von Deutschland, Frankreich und Belgien, unteres Ober-Devon von Belgien und der USSR.

Syringostroma cf. *consimile* (GIRTY, 1895)

L v   1962   *Syringostroma* cf. *consimile* GIRTY. — ERBEN, H. FLÜGEL & WALLISER, S. 74 (Unter-Devon [höheres Unter-Ems]: S Wolaye Paß, zentrale Karnische Alpen. — Aufbewahrung: UGP).

Verbreitung: *Syringostroma consimile* wurde aus dem Unter-Devon (Helder-bergian) von New York beschrieben.

Syringostroma forojuliense (Vinassa de Regny, 1918)

1912a *Stromatopora concentrica* Goldf. — Gortani, S. 123, Taf. 4, Fig. 6—7 (Unteres Mittel-Devon: M. Coglians, 2700 m, Karnische Alpen. — Aufbewahrung: Material verloren).

v 1918 *Stromatopora forojuliensis* n. f. — Vinassa de Regny, S. 117, Taf. 11, Fig. 6—9 (Mittel-Devon: Val di Collina, Karnische Alpen. — Auf-bewahrung: R 21, Geol. Inst. Univ. Parma).

v 1956 *Parallelopora bücheliensis forojuliensis* (Vinassa). — E. Flügel, S. 54 (Mittel-Devon: Val di Collina, Karnische Alpen. — Aufbewahrung: R 21, Geol. Inst. Univ. Parma).

v 1958b *Syringostroma forojuliensis* (Vinassa). — E. Flügel, S. 59 (Mittel-Devon: Plöckenpaß, Westflanke des Kleinen Pal, Karnische Alpen. — Aufbewahrung: LMK, Nr. 33).

L 1958c *Syringostroma forojuliensis* (Vin.). — E. Flügel, S. 178 (Mittel-Devon: Cima del M. Coglians. — Aufbewahrung: Material verloren).

L v 1958c *Syringostroma forojuliensis* (Vinassa). — E. Flügel, S. 179 (Mittel-Devon: Val di Collina. — Aufbewahrung: R 21, Geol. Inst. Univ. Parma).

Typus: Als Lectotypus wurde durch E. Flügel (1956, S. 54) das von Vinassa de Regny (1918) auf Taf. 11, Fig. 8—9 abgebildete Exemplar R 21 (Geol. Inst. Univ. Parma) bestimmt.

Locus typicus: Val di Collina, Karnische Alpen.

Stratum typicum: Mittel-Devon.

Verbreitung: Mittel-Devon der Karnischen Alpen.

Syringostroma radiatum (Vinassa de Regny, 1918)

v 1918 *Stromatopora hüpschii* Barg. — Vinassa de Regny, S. 113, Taf. 12, Fig. 5—6 (Mittel-Devon: Val di Collina, Karnische Alpen. — Auf-bewahrung: Geol. Inst. Univ. Parma, R 14).
Die Form ist nach E. Flügel 1958c: 178 zu *Syringostroma radiatum* zu stellen!

* v 1918 *Stromatopora beuthi* Barg. var. *radiata* n. f. — Vinassa de Regny, S. 114, Taf. 11, Fig. 10—12 (Mittel-Devon: Val di Collina, Karnische Alpen. — Aufbewahrung: Geol. Inst. Univ. Parma, R 16).

L v 1918 *Stromatopora bücheliensis* Barg. var. *crassa* n. f. — Vinassa de Regny, S. 117, Taf. 12, Fig. 7—8 (Mittel-Devon: Val di Collina, Karnische Alpen. — Aufbewahrung: Geol. Inst. Univ. Parma).
Nach E. Flügel 1968c: 179 zu *Syringostroma radiatum* zu stellen!

v 1956 *Stromatopora hüpschi* (Bargatzky). — E. Flügel, S. 52 (Mittel-Devon: Val di Collina, Karnische Alpen. — Aufbewahrung: Geol. Inst. Univ. Parma, R 14).

L v 1958c *Syringostroma radiata* (Vinassa). — E. Flügel, S. 178 (Mittel-Devon: Val di Collina, Karnische Alpen. — Aufbewahrung: Geol. Inst. Univ. Parma, R 16).

L v   1958c *Stromatopora hüpschi* BARG. — E. FLÜGEL, S. 178 (Mittel-Devon: Val di Collina, Karnische Alpen. — Aufbewahrung: Geol. Inst. Univ. Parma, R 14).

Typus: Als Lectotypus wird hier das von VINASSA DE REGNY 1918 auf Taf. 11, Fig. 10—12 abgebildete Exemplar R 16 festgelegt. Aufbewahrung: Geol. Inst. Univ. Parma.

Locus typicus: Val di Collina, zentrale Karnische Alpen.

Stratum typicum: Mittel-Devon.

Verbreitung: Mittel-Devon der Karnischen Alpen.

Syringostroma sp.

L   1935   *Syringostroma* sp. — HABERFELNER, S. 13 (Mittel-Devon: Eisenerzer Alpen, Obersteiermark. — Material in Verlust geraten).

L v   1958c *Syringostroma* sp. — E. FLÜGEL, S. 174 (Mittel-Devon: Plabutschgipfel W Graz. — Aufbewahrung: UGP 426), S. 175 (Mittel-Devon: St. Gotthard N Graz. — Aufbewahrung: UGP 443; Plabutschgipfel W Graz. — Aufbewahrung: LMJG 7503), S. 178 (Mittel-Devon: Monumenz, Karnische Alpen. — Aufbewahrung: R 12, Geol. Inst. Univ. Parma), S. 179 (Mittel-Devon: Val di Collina, Karnische Alpen. — Aufbewahrung: R 13, Geol. Inst. Univ. Parma).

L v   1960   *Syringostroma* sp. — E. FLÜGEL & W. GRÄF, S. A 22 (Mittel-Devon [Givet]: S Würmlacher Alpe, Karnische Alpen. — Aufbewahrung: UGP).

L v   1961   *Syringostroma* sp. — H. FLÜGEL, S. 48 (Mittel-Devon [obere *Barrandei*-Schichten]: Graz. — Aufbewahrung: UGP).

Genus: *Taleastroma* GALLOWAY, 1957

Taleastroma pachytextum (LECOMPTE, 1952)

           1952   *Stromatopora pachtytexta* nov. sp. — LECOMPTE, S. 275, Taf. 54, Fig. 6, Taf. 55, Fig. 1, 1a, 1b, 2 (Mittel-Devon [Co 2b, Couvin]: Becken von Dinant, Belgien).

L   1961   *Taleastroma pachytexta* (LECOMPTE). — H. FLÜGEL, S. 58 (Mittel-Devon [*Calceola*-Schichten]: Hochlantsch N Graz. — Aufbewahrung: unbekannt).

Bemerkungen: Bei diesem Zitat handelt es sich wahrscheinlich um eine Verwechslung mit *Taleastroma* cf. *pachytexta* (siehe dort); allerdings wird diese Form aus dem Hochlantschgebiet von E. FLÜGEL nicht angeführt.

Verbreitung: Mittel-Devon von Belgien, Indiana und Missouri.

Taleastroma cf. *pachytextum* (LECOMPTE, 1952)

v   1958a *Parallelopora bücheliensis* (BARGATZKY). — E. FLÜGEL, S. 159, Taf. 5, Fig. 2 (Mittel-Devon: Schirdinggraben bei Graz. — Aufbewahrung: UGP 457).

L v   1958c   *Stromatopora* cf. *pachytexta* LECOMPTE. — E. FLÜGEL, S. 175 (Mittel-Devon: Schirdinggraben bei Graz. — Aufbewahrung: UGP 457).

L v   1961   *Stromatopora* cf. *pachytexta* LECOMPTE. — H. FLÜGEL, S. 48 (Mittel-Devon [obere *Barrandei*-Schichten): Graz. — Aufbewahrung: UGP 457).

Verbreitung: *Taleastroma pachytexta* wurde aus dem Mittel-Devon von Belgien, Indiana und Missouri beschrieben.

Familia: ***Actinostromellidae*** NESTOR, 1966

Genus: ***Parallelopora*** BARGATZKY, 1881

Parallelopora bücheliensis (BARGATZKY, 1881)

*   1881   *Caunopora bücheliensis* n. sp. — BARGATZKY, S. 290 (Mittel-Devon: Büchel, Rheinisches Schiefergebirge, Deutschland).

non   1912a   *Stromatopora bücheliensis* BARGATZKY sp. — GORTANI, S. 125, Taf. 4, Fig. 12—13 (Oberes Mittel-Devon: M. Coglians 2600 m, Karnische Alpen. — Material vernichtet).
Nach E. FLÜGEL 1958c: 178 nur als *Parallelopora* sp. bestimmbar!

L   1912b   *Stromatopora bücheliensis* BARG. — GORTANI, S. 256 (Oberes Mittel-Devon: Forcella Monumenz, Karnische Alpen. — Material vernichtet).

v non   1918   *Stromatopora bücheliensis* BARG. — VINASSE DE REGNY, S. 116 (Mittel-Devon: Val di Collina, Karnische Alpen. — Aufbewahrung: Geol. Inst. Univ. Parma, R. 13).
Nach E. FLÜGEL 1958c: 179 nur als *Syringostroma* sp. bestimmbar!

L   1937   *Parallelopora bücheliensis* BARG. — A. MEYER, S. 266 (Mittel-Devon: Schindelgraben bei Gösting NW Graz. — Material verloren).

v non   1956   *Parallelopora bücheliensis* (BARGATZKY). — E. FLÜGEL, S. 53 (Mittel-Devon: Wolayer See; Val di Collina, Karnische Alpen. — Aufbewahrung: UGP 515; Geol. Inst. Univ. Parma, R 13).
Nach E. FLÜGEL 1958c: 179 nur als *Syringostroma* sp. bestimmbar; das Exemplar UGP 515 muß neu untersucht werden!

v non p.p. 1958a   *Parallelopora bücheliensis* (BARGATZKY). — E. FLÜGEL, S. 159, Taf. 5, Fig. 2 (Mittel-Devon: Plabutsch; St. Gotthard; Schirdinggraben bei Graz. — Aufbewahrung: UGP 426 [Gipfel des Plabutsch], UGP 443 [St. Gotthard], UGP 457 [Schirdinggraben], LMJG 7505 [Gipfel des Plabutsch]).
Nach E. FLÜGEL 1958c: 175 ist das Exemplar UGP 457 als *Stromatopora* cf. *pachytexta* LECOMPTE zu bestimmen!

Verbreitung: Unter-Devon (Siegen) von Australien; Mittel-Devon von Deutschland, England, Belgien, Frankreich, Polen, USSR.

Parallelopora* cf. *bücheliensis (BARGATZKY, 1881)

v   1956   *Parallelopora* cf. *bücheliensis* (BARGATZKY). — E. FLÜGEL, S. 53 (Mittel-Devon: Monumenz, Karnische Alpen. — Aufbewahrung: Geol. Inst. Univ. Parma, R 12).

Das Material ist nach E. FLÜGEL 1956 in die Nähe von *Parallelopora bücheliensis* zu stellen; die ursprüngliche Bestimmung als *Stromatopora* cf. *beuthi* durch VINASSA DE REGNY 1918: 114 ist zu revidieren!

Parallelopora crassa (E. FLÜGEL, 1958 a)

? 1956 *Parallelopora crassa* E. FLÜGEL. — E. FLÜGEL, 54 (Mittel-Devon: Casera Lodin; Val di Collina, Karnische Alpen. — Aufbewahrung: V 2 [Casera Lodin] Geol. Inst. Univ. Pisa; R 8 [Val di Collina], Geol. Inst. Univ. Parma).

* 1958a *Parallelopora crassa* n. sp. — E. FLÜGEL, S. 160, Taf. 5, Fig. 1 (Mittel-Devon: Schirdinggraben bei Gratwein NW Graz. — Aufbewahrung: UGP 436).

L 1958c *Parallelopora crassa* E. FLÜGEL. — E. FLÜGEL, S. 175 (Mittel-Devon: Schirdinggraben bei Gratwein NW Graz. — Aufbewahrung: UGP 436).

L 1961 *Parallelopora crassa* E. FLÜG. — H. FLÜGEL, S. 48 (Mittel-Devon [höhere *Barrandei*-Schichten]: Graz. — Aufbewahrung: UGP 436).

Typus: Holotypus des. ist das bei E. FLÜGEL 1958a auf Tafel 5, Fig. 1 abgebildete Exemplar UGP 436.

Locus typicus: Schirdinggraben bei Gratwein NW Graz.

Stratum typicum: Obere *Barrandei*-Schichten, Mittel-Devon.

Bemerkungen: Die Art wurde erst bei E. FLÜGEL (1958a) gültig beschrieben, da bei E. FLÜGEL (1956) Abbildungen fehlen. Die 1956 gegebene Beschreibung stützt sich auf Material, das durch VINASSA DE REGNY (1908: 384, Taf. 21, Fig. 26; V 2) als *Stromatopora* cf. *discoidea* LONSDALE bzw. als *Stromatopora concentrica* GOLDFUSS (bei VINASSA DE REGNY 1918: 113, Taf. 11, Fig. 3—8; R 8) bestimmt wurde. Nach E. FLÜGEL (1958c) ist dieses Material jedoch nur als *Stromatopora* sp. indet. zu bestimmen. — Ein mit *Parallelopora crassa* vergleichbarer Stock wurde durch E. FLÜGEL (1956) aus den devonischen Kalken von Cianevate, Karnische Alpen bestimmt (LMK, Nr. K 8).

Verbreitung: Mittel-Devon von Graz (und der Karnischen Alpen).

Parallelopora sp.

L v 1958c *Parallelopora* sp. — E. FLÜGEL, S. 178 (Mittel-Devon: M. Coglians. — Aufbewahrung: Material vernichtet).

Genus: *Parallelostroma* NESTOR, 1966

Parallelostroma cf. *typicum* (ROSEN, 1867)

L 1931 *Stromatopora* cfr. *typica* ROSEN. — CERRI, S. 53 (oberes „Silur": Lodin, Karnische Alpen. — Aufbewahrung: unbekannt).

Bemerkungen: Die Bestimmung ist sehr wahrscheinlich falsch, da es sich bei den Fundschichten um höheres Mittel-Devon handelt (siehe JAEGER & PÖLSLER 1968: 5).

Verbreitung: *Parallelostroma typicum* wurde bisher nur aus dem Wenlock und Ludlow des Baltikums, aus Podolien und von der Insel Gotland sowie aus England beschrieben, siehe NESTOR 1962.

Ordo: *Sphaeractinoidea* Kühn, 1927

Familia: *Heterastriidae* Frech, 1890

Genus: *Heterastridium* Reuss, 1865

Heterastridium caseolum (Quenstedt, 1881)

*   1881   *Heterastridium caseolus.* — Quenstedt, S. 572, Taf. 164, Fig. 28c (Ober-
Trias [Hallstätter Kalk, Nor]: Sommeraukogel bei Hallstatt, Oberösterreich. — Aufbewahrung: unbekannt).

Bemerkungen: Dieser Artname wurde von Quenstedt ohne nähere Beschreibung für flach abgeplattete Heterastridien gebraucht. Derartige Formen wurden von
Gerth (1915) als *Heterastridium aplanatum* bezeichnet.

Heterastridium compressum (Kittl)

v L   1919   *Heterastridium compressum* Kittl n. sp. — Sprengler, S. 347 (Ober-
Trias [Hallstätter Kalk, Nor]: Sommeraukogel bei Hallstatt, Oberösterreich. — Aufbewahrung: NMW).

Bemerkungen: Nach E. Flügel & E. Sy (1959: 8) handelt es sich um einen
nomenklatorisch ungültigen Zettelnamen.

Heterastridium conglolobatum aplanatum (Gerth, 1915)

*   1915   *Heterastridium conglobatum* forma *aplanata* nov. form. — Gerth,
S. 68, Taf. 42, Fig. 9, Abb. 1 (Ober-Trias [Nor]: Timor, Indonesien).
v   1959   *Heterastridium conglobatum aplanatum* Gerth. — E. Flügel & E. Sy,
S. 10, 13 (Ober-Trias [Hallstätter Kalk, unt. Nor]: Sommeraukogel bei
Hallstatt, Oberösterreich. — Aufbewahrung: NMW 1958/302, Landes-
museum Linz/Donau Nr. IV/1, 2).
L   1964b   *Heterastridium conglobatum aplanatum* Gerth. — H. Kollmann, S. 183
(Ober-Trias [Nor]: Sommeraukogel bei Hallstatt, Oberösterreich; Kuchel
[Leisling] bei Aussee, Steiermark. — Aufbewahrung: NMW).

Verbreitung: Norische Stufe von Timor, Karakorum, Ungarn und der Nordalpen.

Heterastridium conglobatum conglobatum (Reuss, 1865)

v *   1865   *Heterastridium conglobatum* n. sp. — Reuss, S. 391, Taf. 1, Fig. 1—3,
Taf. 2, Fig. 1—3, Taf. 4, Fig. 1—2 (Ober-Trias [Hallstätter Kalke, Nor]:
Nordalpen. — Aufbewahrung: NMW 1865/VII/18, 1865/VII/16, 1865/
VII/19; Kandesmuseum Linz/Donau Nr. I/2, Nr. V, Nr. I/1).
L non   1865   *Heterastridium conglobatum* Reuss. — Foetterle, S. 264 (Ober-Trias
[Dachstein-Riffkalk]: Hochkönig, Salzburg. — Aufbewahrung: unbe-
kannt).
Nach Zapfe (1962) keine Heterastridien!
L non   1884   *Heterastridium* spec. — Bittner, S. 111 (Ober-Trias [Dachstein-Riffkalk]:
Hochkönig, Salzburg. — Aufbewahrung: unbekannt).

Nach ZAPFE (1962) keine Heterastridien!

v 1890 *Heterastridium conglobatum* REUSS. — FRECH, S. 96, Abb. auf S. 95, 96 (Ober-Trias [Hallstätter Kalk, Nor]: Sommeraukogel bei Hallstatt, Oberösterreich; Dürrnberg bei Hallein, Salzburg. — Aufbewahrung: NMW 1865/VII/16, 1865/VII/18; 1865/VII/19. Landesmuseum Linz/ Donau Nr. I/1, Nr. V).

L non 1896 *Heterastridium conglobatum* REUSS. — MOJSISOVICS, S. 13 (Ober-Trias [Dachstein-Riffkalk]: Hochkönig, Salzburg. — Aufbewahrung: unbekannt).

Nach ZAPFE (1962) keine Heterastridien!

L 1898 *Heterastridium conglobatum* REUSS. — SCHLOSSER, S. 375 (Ober-Trias [Hallstätter Kalk, Nor]: Dürrnberg bei Hallein, Salzburg. — Aufbewahrung: Bayerische Staatssammlung f. Paläontologie, München).

1906 *Heterastridium conglobatum* REUSS. — ARTHABER, S. 238, 378 (Ober-Trias [Hallstätter Kalk, Nor]: Nordalpen. — Aufbewahrung: NMW; Landesmuseum Linz/Donau).

L 1919 *Heterastridium conglobatum* REUSS. — SPENGLER, S. 347 (Ober-Trias [Hallstätter Kalk, Nor]: Hallstatt, Oberösterreich. — Aufbewahrung: NMW).

non 1926 *Heterastridium conglobatum* REUSS. — TRAUTH, S. 182 (Ober-Trias [Dachstein-Riffkalk]: Hochkönig, Salzburg. — Aufbewahrung: unbekannt).

Nach ZAPFE 1962 keine Heterastridien!

L 1955 *Heterastridium conglobatum* REUSS. — PLÖCHINGER, S. 102 (Ober-Trias [Hallstätter Kalk, Nor]: Dürrnberg bei Hallein, Salzburg. — Aufbewahrung: Geol. Bundesanstalt Wien).

v 1959 *Heterastridium conglobatum conglobatum* REUSS. — E. FLÜGEL & E. SY, S. 9, 12 (Ober-Trias [Hallstätter Kalk, Nor]: Sommeraukogel bei Hallstatt, Oberösterreich; Dürrnberg bei Hallein, Salzburg. — Aufbewahrung: NMW 1865/VII/16, 1865/VII/18, 1865/VII/19, 1891/VII/13, 1958/301; Landesmuseum Linz/Donau Nr. I/1, I/2, V).

L 1963 *Heterastridium conglobatum* REUSS. — PICHLER, S. 159 (Ober-Trias [Hallstätter Kalk, Nor]: W der Barmsteine bei Hallein, Salzburg. — Aufbewahrung: Institut für Paläont. und Hist. Geol. München).

1964b *Heterastridium conglobatum conglobatum* REUSS. — H. KOLLMANN, S. 182 (Ober-Trias [Dachstein-Riffkalk, Nor): Steinriese, Ostabfall des Großen Donnerkogels, 1500 m über NN, Oberösterreich. — Aufbewahrung: NMW).

Typus: Als Lectotypus wurde durch E. FLÜGEL & E. SY (1959: 13) das Exemplar Nr. I/2 (abgebildet bei REUSS 1865, Taf. 1, Fig. 1) bestimmt. — Aufbewahrung: Landesmuseum Linz/Donau, Geol. Abteilung.

Locus typicus: Sommeraukogel bei Hallstatt, Oberösterreich.

Stratum typicum: Hallstätter Kalk, unteres Nor, Ober-Trias.

Verbreitung (nach H. KOLLMANN 1964b: 183): Hallstätter Kalke der Nordalpen (Unter-Nor: Hiefler [Leisling], Sommeraukogel, Taubenstein; Ober-Nor: Moosberg bei Aussee, Altausseer Salzberg, Dürrnberg bei Hallein; Nor: Kuchel [Leisling], Feuerkogel bei Aussee) und als Einzelfund im Dachstein-Riffkalk (Nor) des Dachstein-Gebietes. — Sonst im obersten Karn von Ungarn und im Nor von Ungarn, Südalpen, Bulgarien, Cypern, Insel Kos, Karakorum, Timor, Persien, Alaska.

Heterastridium conglobatum lobatum (Reuss, 1865)

v *   1865   *Heterastridium lobatum* n. sp. — Reuss, S. 393, Taf. 3, Fig. 1—3, Taf. 4, Fig. 3 (Ober-Trias [Hallstätter Kalk, Nor]: Sommeraukogel bei Hallstatt, Oberösterreich. — Aufbewahrung: NMW 1865/VII/13; Landesmuseum Linz/Donau Nr. II).

v   1890   *Heterastridium lobatum* Reuss. — Frech, S. 97, Abb. auf S. 97 (Ober-Trias [Hallstätter Kalk, Nor]: Sommeraukogel bei Hallstatt, Oberösterreich. — Aufbewahrung: Landesmuseum Linz/Donau Nr. II).

L   1898   *Heterastridium lobatum.* — Schlosser, S. 375 (Ober-Trias [Hallstätter Kalk, Nor]: Dürrnberg bei Hallein, Salzburg. — Aufbewahrung: Bayerische Staatssammlung für Paläontologie, München).

         1906   *Heterastridium lobatum* Reuss. — Arthaber, Taf. 69, Fig. 4 (Ober-Trias [Hallstätter Kalk, Nor]: Nordalpen).

v   1959   *Heterastridium conglobatum lobatum* Reuss. — E. Flügel & E. Sy, S. 10, 13 (Ober-Trias [Hallstätter Kalke, Nor]: Sommeraukogel bei Hallstatt, Oberösterreich. — Aufbewahrung: NMW 1865/VII/13, Landesmuseum Linz/Donau Nr. II).

L   1964b   *H. conglobatum lobatum* Rss. — H. Kollmann, S. 183 (Ober-Trias [Hallstätter Kalke, Nor]: Sommeraukogel bei Hallstatt, Oberösterreich; Kuchel [Leisling] bei Aussee, Steiermark. — Aufbewahrung: NMW).

Typus: Wurde nicht festgelegt.

Locus typicus: ?, Salzkammergut.

Stratum typicum: Hallstätter Kalke, Nor.

Verbreitung: Norische Kalke der Nordalpen und von Timor.

Heterastridium depressum (Kittl)

v L   1919   *H. depressum* Kittl n. sp. — Spengler, S. 347 (Ober-Trias [Hallstätter Kalk, Nor]: Sommeraukogel bei Hallstatt, Oberösterreich. — Aufbewahrung: NMW).

Bemerkungen: Nach E. Flügel & E. Sy (1959: 8) handelt es sich um einen nomenklatorisch ungültigen Zettelnamen.

Heterastridium pachystylum (Frech, 1890)

*   1890   *Heterastridium pachystylum* nov. sp. — Frech, S. 97, Abb. auf S. 98 (Ober-Trias [Hallstätter Kalk, Nor]: Sommeraukogel bei Hallstatt, Oberösterreich. — Aufbewahrung: unbekannt).

Bemerkungen: Die Art ist in die Synonymie von *Heterastridium conglobatum conglobatum* Reuss zu stellen.

Familia: *Sphaeractiniidae* Waagen & Wentzel, 1887

Genus: *Circopora* Waagen & Wentzel, 1887

Circopora triadica (E. Flügel & E. Sy, 1959)

*   1959   *Circopora triadica* n. sp. — E. Flügel & E. Sy, S. 21, Taf. 1, Fig. 5 (Ober-Trias [Oberrät-Riffkalk]: Rötelwand bei Hallein, Salzburg. — Aufbewahrung: NMW 1958/303).

Typus: Holotypus des. ist das Exemplar 1958/303. — Aufbewahrung: NMW.

Locus typicus: Rötelwand bei Hallein, Salzburg.

Stratum typicum: Oberrät-Riffkalk, Ober-Trias.

Verbreitung: Oberrät-Riffkalk der Typuslokalität.

Circopora sp.

v L   1961   *Circopora* sp. — SIEBER, S. A 108 (Ober-Jura [Sulzfluh-Kalke, Tithon]: Sulzfluh, Vorarlberg. — Aufbewahrung: Geol. Bundesanst. Wien).

Genus: *Ellipsactinia* STEINMANN, 1878

Ellipsactinia caprense (CANAVARI, 1893)

*   1893   *Ellipsactinia caprense* n. sp. — CANAVARI, S. 46, Taf. 1, Fig. 4, 4a, 5, 5a—c, Taf. 3, Fig. 5 (Ober-Jura [Tithon]: Insel Capri, Italien).

v   1961   *Ellipsactinia caprense* CANAVARI. — E. FLÜGEL & BACHMAYER, S. 125, Taf. 15, Fig. 1—4, Taf. 17, Fig. 1 (Ober-Jura [Tithon]: Klafterbrunn 3 bei Ernstbrunn; Steinbruch Werk II in Ernstbrunn, Niederösterreich. — Aufbewahrung: NMW 375/2—3, NMW 375/4).

L   1964a   *Ellipsactinia caprense* CANAVARI. — H. KOLLMANN, S. 81 (Ober-Jura [Plassen-Kalk, Tithon-Neokom]: Gams bei Hieflau, Steiermark. — Aufbewahrung: Geol. Inst. Univ. Wien).

Verbreitung: Tithon von Italien, Österreich und Tunesien; Tithon bis Barreme von Jugoslawien.

Ellipsactinia ellipsoidea (STEINMANN, 1878)

*   1878   *Ellipsactinia ellipsoidea* n. sp. — STEINMANN, S. 116, Taf. 14, Fig. 1—7 (Ober-Jura [Tithon]: Stramberg, Mähren, ČSSR. — Aufbewahrung: unbekannt).

    1906   *Ellipsactinia ellipsoidea* STEINMANN. — SEYDLITZ, S. 34 (Ober-Jura [Sulzfluh-Kalk]: Sulzfluh, Rätikon, Vorarlberg/Graubünden. — Aufbewahrung: Geol. Inst. Univ. Freiburg i. Br.?).

L v   1960   *Ellipsactinia ellipsoidea* STEINM. — TOLLMANN, S. 80 (Ober-Jura [Plassen-Kalk]: Röthelstein, Steirisches Salzkammergut. — Aufbewahrung: Geol. Inst. Univ. Wien).

v   1961   *Ellipsactinia ellipsoidea* STEINMANN. — BACHMAYER & E. FLÜGEL, S. 127, Taf. 15, Fig. 5—6, Taf. 18, Fig. 4 (Ober-Jura [Tithion]: Klafterbrunn 3; Steinbruch Werk II bei Ernstbrunn, Niederösterreich. — Aufbewahrung: NMW 375/57 mit den Schliffen 47a, b und 11; 375/8 mit Schliff 7.

L   1964a   *Ellipsactinia ellipsoidea* STEINMANN. — H. KOLLMANN, S. 81 (Ober-Jura, [Plassen-Kalk, Tithon-Neokom]: Gams bei Hieflau, Steiermark. — Aufbewahrung: Geol. Inst. Univ. Wien).

Verbreitung: Tithon von Stramberg (Mähren), Italien und Österreich; Tithon bis Barreme von Jugoslawien und Italien.

Ellipsactinia polypora (Canavari, 1893)

*   1893   *Ellipsactinia polypora* n. sp. — Canavari, S. 201, Taf. 4, Fig. 1—3 (Ober-Jura [Tithon]: Italien. — Aufbewahrung: unbekannt).

L v   1960   *Ellipsactinia polypora* Canavari. — Tollmann, S. 80 (Ober-Jura [Plassen-Kalk]: Röthelstein, Steirisches Salzkammergut. — Aufbewahrung: Geol. Inst. Univ. Wien).

Verbreitung: Ober-Jura von Italien, Österreich und Jugoslawien.

Ellipsactinia ramosa (Canavari, 1893)

*   1893   *Ellipsactinia ramosa* n. sp. — Canavari, S. 49 (Ober-Jura [Tithon]: Italien. — Aufbewahrung: unbekannt).

L v   1960   *Ellipsactinia ramosa* Canavari. — Tollmann, S. 80 (Ober-Jura [Plassen-Kalk]: Röthelstein, Steirisches Salzkammergut. — Aufbewahrung: Geol. Inst. Univ. Wien).

Verbreitung: Tithon und Tithon-Hauterive von Italien, Jugoslawien, Griechenland, Tunesien.

Ellipsactinia sp.

L non   1918   *Ellipsactinia* sp. — Spengler, S. 350 (Ober-Jura [Plassen-Kalk]: Plassen bei Hallstatt, Oberösterreich. — Aufbewahrung: Geol. Bundesanst. Wien).
Nach Fenninger, H. Flügel & Hötzl (1963: 324) handelt es sich um einen Gastropoden-Querschnitt!

L non   1948   *Ellipsactinia* sp. — Trauth, S. 210 (Ober-Jura [Plassen-Kalk]: Plassen bei Hallstatt, Oberösterreich. — Aufbewahrung: Geol. Bundesanst. Wien).
Keine Hydrozoe, sondern Gastropoden-Querschnitt!

Genus: *Sphaeractinia* Steinmann, 1878

Sphaeractinia diceratina (Steinmann, 1878)

*   1878   *Sphaeractinia diceratina* n. sp. — Steinmann, S. 115, Taf. 13, Fig. 3 und 7 (Ober-Jura [Tithon]: Stramberg, ČSSR. — Aufbewahrung: unbekannt).

L v   1960   *Sphaeractinia diceratina* Steinm. — Tollmann, S. 80 (Ober-Jura [Plassen-Kalk]: Röthelstein, Steirisches Salzkammergut. — Aufbewahrung: Geol. Inst. Univ. Wien).

Verbreitung: Ober-Jura von Stramberg (Mähren) und der Nordalpen.

Sphaeractinia rothpletzi (Leuchs, 1907)

*   1907   *Sphaeractinia rothpletzi* sp. n. — Leuchs, S. 78, Taf. 1, Fig. 1—3 (Mittel-Trias [Wetterstein-Kalk, Ladin]: Ellmauer Tor, Hoher Winkel im Kaisergebirge, Tirol. — Aufbewahrung: Material vernichtet).

1950   *Sphaeractinia rothpletzi* LEUCHS. — E. FLÜGEL & E. SY, S. 76 (Revision).

Bemerkungen: Nach E. FLÜGEL & E. SY (1959) ist das Material in München in Verlust geraten; möglicherweise handelt es sich um einen Kalkschwamm.

Familia: *Actinostromariidae* HUDSON, 1958

Genus: *Actinostromaria* DEHORNE, 1920

Actinostromaria coacta (SCHNORF, 1960 ?)

*   1960   *Actinostromaria coacta* n. sp. — SCHNORF, S. 738, Taf. 3, Abb. 7—9 (Unter-Kreide [Valangin]: Arzies, Jura vaudois, Schweiz).

L   1963   *Actinostromaria coacta?* — FENNINGER, H. FLÜGEL & HÖTZL, S. 324 (Ober-Jura [Plassen-Kalk]: Plassen bei Hallstatt, Oberösterreich. — Aufbewahrung: UGP 1910, UGP 1911).

1965   *Actinostromaria coacta* A. SCHNORF? — FENNINGER & HÖTZL, S. 8, Taf. 1, Fig. 1 (Ober-Jura [Plassen-Kalk, Kimmeridge-Portland]: Plassen, Fundpunkt 83, bei Hallstatt, Oberösterreich. — Aufbewahrung: UGP 1910, UGP 1911).

L   1966   *Actinostromaria coacta* SCHNORF? — H. FLÜGEL & FENNINGER, S. 259 (Ober-Jura [Plassen-Kalk]: Plassen bei Hallstatt, Oberösterreich. — Aufbewahrung: UGP 1910, UGP 1911).

Bemerkungen: Die aus dem Plassen-Kalk stammende Art besitzt im Gegensatz zum Typusmaterial nur undeutlich differenzierte Astrorhizen.

Verbreitung: Valangin des Schweizer Jura; Ober-Jura der Nordalpen?

Actinostromaria jeanetti (STEINER, 1932)

*   1932   *Actinostroma jeanetti* n. sp. — STEINER, S. 91, Taf. 1, Fig. 3, Taf. 2, Fig. 1 (Unter-Kreide [Valangin]: Arzier, Jura vaudois, Schweiz. — Aufbewahrung: Geol. Inst. Univ. Lausanne).

L   1963   *Actinostromaria jeanetti* STEINER. — FENNINGER, H. FLÜGEL & HÖTZL, S. 326 (Ober-Jura [Tressenstein-Kalk, Kimmeridge]: Tressenstein bei Bad Aussee, Steiermark. — Aufbewahrung: LMJG 60259).

1965   *Actinostromaria jeanetti* STEINER. — FENNINGER & HÖTZL, S. 9 (Ober-Jura [Tressenstein-Kalk, Kimmeridge]: S-Abfall des Tressensteins bei Bad Aussee, Steiermark. — Aufbewahrung: LMJG 60259).

Verbreitung: Valangin des Schweizer Jura; Ober-Jura der Nordalpen.

Actinostromaria limitaris (SCHNORF, 1960)

*   1960   *Actinostromaria limitaris* n. sp. — SCHNORF, S. 741, Taf. 4, Fig. 2—4, Abb. 12—13 (Unter-Kreide [Valangin]: Arzies, Jura vaudois, Schweiz).

L   1963   *Actinostromaria limitaris* SCHNORF. — FENNINGER, H. FLÜGEL & HÖTZL, S. 324 (Ober-Jura [Plassen-Kalk]: Plassen bei Hallstatt, Oberösterreich. — Aufbewahrung: UGP 1912).

1965   *Actinostromaria limitaris* A. SCHNORF. — FENNINGER & HÖTZL, S. 9 (Ober-Jura [Plassen-Kalk, Kimmeridge-Portland]: Plassen bei Hallstatt, Oberösterreich. — Aufbewahrung: UGP 1912).

L   1966   *Actinostromaria limitaris* SCHNORF. — H. FLÜGEL & FENNINGER, S. 259 (Ober-Jura [Plassen-Kalk]: Plassen bei Hallstatt, Oberösterreich. — Aufbewahrung: UGP 1912).

Verbreitung: Valangin der Schweiz; Ober-Jura der Nordalpen.

Actinostromaria lugeoni (DEHORNE, 1920 ?)

*   1920   *Actinostromaria lugeoni* n. sp. — DEHORNE, S. 75, Taf. 3, Fig. 1, Taf. 15, Fig. 2, Taf. 16, Fig. 6—7 (Unter-Kreide [Valangin]: Sainte Croix, Jura vaudois, Schweiz. — Aufbewahrung: Geol. Inst. Univ. Sorbonne, Paris).

L   1963   *Actinostromaria lugeoni* DEHORNE? — FENNINGER, H. FLÜGEL & HÖTZL, S. 324 (Ober-Jura [Plassen-Kalk]: Plassen bei Hallstatt, Oberösterreich. — Aufbewahrung: UGP 1913, 1914).

        1965   *Actinostromaria lugeoni* Y. DEHORNE? — FENNINGER & HÖTZL, S. 10, Taf. 1, Fig. 3 (Ober-Jura [Plassen-Kalk]: Plassen bei Hallstatt, Oberösterreich. — Aufbewahrung: UGP 1913, 1914).

L   1966   *Actinostromaria lugeoni* DEHORNE? — H. FLÜGEL & FENNINGER, S. 259 (Ober-Jura [Plassen-Kalk]: Plassen bei Hallstatt, Oberösterreich. — Aufbewahrung: UGP 1913, 1914).

Verbreitung: Valangin des Schweizer Jura und Ober-Jura der Nordalpen.

Actinostromaria shimizui (YABE & SUGIYAMA, 1935)

*   1935   *Actinostromaria shimizui* n. sp. — YABE & SUGIYAMA, S. 175, Taf. 56, Fig. 6, Taf. 58, Fig. 1—4 (Ober-Jura [Torinosu limestone]: Japan. — Aufbewahrung: Department of Geology, Tohoku University, Sendai).

L   1963   *Actinostromaria shimizui* YABE & SUGIYAMA. — FENNINGER, H. FLÜGEL & HÖTZL, S. 324 (Ober-Jura [Plassen-Kalk]: Plassen bei Hallstatt, Oberösterreich. — Aufbewahrung: UGP 1915).

v   1964   *Actinostromaria shimizui* YABE & SUGIYAMA. — E. FLÜGEL, S. 216, 219, Taf. 11, Abb. 2 (Ober-Jura [Plassen-Kalk]: Krahstein bei Mitterndorf, Steirisches Salzkammergut. — Aufbewahrung: THD-GP).

        1965   *Actinostromaria shimizui* YABE u. SUGIYAMA. — FENNINGER & HÖTZL, S. 10 (Ober-Jura [Plassen-Kalk]: Plassen bei Hallstatt, Oberösterreich. — Aufbewahrung: UGP 1915).

L   1966   *Actinostromaria shimizui* YABE & SUGIYAMA. — H. FLÜGEL & FENNINGER, S. 259 (Ober-Jura [Plassen-Kalk]: Plassen bei Hallstatt, Oberösterreich. — Aufbewahrung: UGP 1915).

Bemerkungen: FENNINGER & HÖTZL (1965: 11) melden das Vorkommen dieser Art auch aus dem Plassen-Kalk des Röthelsteins im steirischen Salzkammergut.

Verbreitung: Ober-Jura von Japan und der Nordalpen.

Actinostromaria aff. *shimizui* (YABE & SUGIYAMA, 1935)

L   1963   *Actinostromaria* aff. *shimizui*. — FENNINGER, H. FLÜGEL & HÖTZL, S. 326 (Ober-Jura [Tressenstein-Kalk, Kimmeridge]: Tressenstein bei Bad Aussee, Steiermark. — Aufbewahrung: LMJG 60260).

        1965   *Actinostromaria* aff. *shimizui* H. YABE u. T. SUGIYAMA. — FENNINGER & HÖTZL, S. 11 (Ober-Jura [Tressenstein-Kalk]: Tressenstein bei Bad Aussee, Steiermark. — Aufbewahrung: LMJG 60260).

Verbreitung: siehe oben.

Actinostromaria tokadiensis (Yabe & Sugiyama, 1935)

*   1935   *Actinostroma tokadiensis* n. sp. — Yabe & Sugiyama, S. 175, Taf. 56, Fig. 4—5, Taf. 57, Fig. 2 (Ober-Jura [Torinosu limestone]: Japan. — Aufbewahrung: Department of Geology, Tohoku University, Sendai).

v   1964   *Actinostromaria tokadiense* (Yabe & Sugiyama). — E. Flügel, S. 216, 219, Taf. 11, Abb. 3 (Ober-Jura [Plassen-Kalk, Tithon]: Krahstein bei Mitterndorf, Steirisches Salzkammergut. — Aufbewahrung: THD-GP).

    1965   *Actinostromaria tokadiensis* (H. Yabe & T. Sugiyama). — Fenninger & Hötzl, S. 12 (Ober-Jura [Plassen-Kalk]: SW-Hang des Röthelsteins, steirisches Salzkammergut. — Aufbewahrung: UGP 1916—1918).

Verbreitung: Ober-Jura von Japan und der Nordalpen.

Actinostromaria verticalis (Schnorf, 1960)

*   1960   *Actinostromaria verticalis* n. sp. — Schnorf, S. 742, Taf. 5, Fig. 1—2, Abb. 14—15 (Unter-Kreide [Valangin]: Arzier, Jura vaudois, Schweiz. — Aufbewahrung: Geol. Inst. Univ. Lausanne).

L   1963   *Actinostromaria verticalis.* — Fenninger, H. Flügel & Hötzl, S. 324 (Ober-Jura [Plassen-Kalk]: Plassen bei Hallstatt, Oberösterreich. — Aufbewahrung: UGP 1919).

    1965   *Actinostromaria verticalis* A. Schnorf. — Fenninger & Hötzl, S. 12 (Ober-Jura [Plassen-Kalk, Kimmeridge-Portland]: Plassen bei Hallstatt, Oberösterreich. — Aufbewahrung: UGP 1919).

L   1966   *Actinostromaria verticalis* Schnorf, A. — H. Flügel & Fenninger, S. 259 (Ober-Jura [Plassen-Kalk]: Plassen bei Hallstatt, Oberösterreich. — Aufbewahrung: UGP 1919).

Verbreitung: Valangin des Schweizer Jura; Ober-Jura der Nordalpen.

Genus: *Actinostromarianina* Lecompte, 1952

Actinostromarianina dehorneae (Lecompte, 1952)

*   1952   *Actinostromarianina dehorneae* n. sp. — Lecompte, S. 10, Taf. 1, Fig. 1 (Ober-Jura: Dobrudscha, Rumänien. — Aufbewahrung: Geol. Inst. Univ. Sorbonne, Paris).

L   1963   *Actinostromarianina dehornae* Lecompte. — Fenninger, H. Flügel & Hötzl, S. 326 (Ober-Jura [Tressenstein-Kalk, Kimmeridge]: Tressenstein; [Plassen-Kalk]: Plassen bei Hallstatt, Oberösterreich. — Aufbewahrung: LMJG 60261, UGP 1920, 1921).

    1965   *Actinostromarianina dehornae* Lecompte. — Fenninger & Hötzl, S. 14, Taf. 1, Fig. 5 (Ober-Jura [Tressenstein-Kalk, Kimmeridge]: Tressenstein, Kamm W der Warte, bei Bad Aussee, Steiermark; [Plassen-Kalk, Kimmeridge-Portland]: Plassen bei Hallstatt, Oberösterreich. — Aufbewahrung: LMJG 60261, UGP 1920, 1921).

L   1966   *Actinostromarianina dehornae* Lecompte. — H. Flügel & Fenninger, S. 259 (Ober-Jura [Plassen-Kalk]: Plassen bei Hallstatt, Oberösterreich. — Aufbewahrung: UGP 1920, 1921).

Verbreitung: Ober-Jura der Dobrudscha und der Nordalpen.

4*

Genus: *Actinostromina* GERMOVŠEK, 1954

Actinostromina kühni (BACHMAYER & E. FLÜGEL, 1961)

* 1961 *Actinostromina kühni* n. sp. — BACHMAYER & E. FLÜGEL, S. 129, Taf. 16, Fig. 1 (Ober-Jura [Ernstbrunner Kalk, Tithon]: Ernstbrunn, Niederösterreich. — Aufbewahrung: NMW 375/1, Schliff 3).

Typus: Holotypus des. ist das Exemplar 375/1 mit dem Schliff Nr. 3. — Aufbewahrung: NMW.

Locus typicus: Steinbruch Werk II, Ernstbrunn, Niederösterreich.

Stratum typicum: Ernstbrunner Kalke, Tithon, Ober-Jura.

Verbreitung: Tithon von Ernstbrunn, Niederösterreich.

Actinostromina oppidana (GERMOVŠEK, 1954)

* 1954 *Actinostromina oppidana* n. sp. — GERMOVŠEK, S. 351, Taf. 2, Fig. 3, Taf. 5, Fig. 1 (Ober-Jura [Tithon]: Slowenien. — Aufbewahrung: Geol. Inst. Akad. Wiss. Ljubljana).

1965 *Actinostromina oppidana* C. GERMOVŠEK. — FENNINGER & HÖTZL, S. 14, Taf. 1, Fig. 4 (Ober-Jura [Tressenstein-Kalk, Kimmeridge]: SW-Abfall des Tressenstein bei Bad Aussee, Steiermark; [Plassen-Kalk]: Plassen bei Hallstatt, Oberösterreich. — Aufbewahrung: LMJG 60262, 60263; UGP 1922).

Verbreitung: Ober-Jura von Slowenien und der Nordalpen.

Genus: *Astrostylopsis* GERMOVŠEK, 1954

Astrostylopsis circoporea (GERMOVŠEK, 1954) ?

* 1954 *Trupetostromaria circoporea* n. sp. — GERMOVŠEK, S. 365, 381, Taf. 4, Fig. 2, Taf. 5, Fig. 2, Taf. 8, Fig. 1a, b (Ober-Jura [Tithon]: Slowenien).

1965 *Astrostylopsis circoporea* (C. GERMOVŠEK)? — FENNINGER & HÖTZL, S. 15 (Ober-Jura [Tressenstein-Kalk, Kimmeridge]: SW-Abfall des Tressenstein bei Bad Aussee, Steiermark. — Aufbewahrung: LMJG 60264).

Verbreitung: Ober-Jura von Slowenien; Nordalpen?

Astrostylopsis radiata (HÖTZL, 1965)

L 1963 *Astrostylopsis* n. sp. — H. HÖTZL. — FENNINGER, H. FLÜGEL & HÖTZL, S. 326 (Ober-Jura [Tressenstein-Kalk]: Tressenstein bei Bad Aussee, Steiermark. — Aufbewahrung: LMJG 60265, 60266).

* 1965 *Astrostylopsis radiata* n. sp. (H. HÖTZL). — HÖTZL in FENNINGER & HÖTZL, S. 15, Taf. 2, Fig. 1 — (Ober-Jura [Tressenstein-Kalk]: Tressenstein bei Bad Aussee, Steiermark. — Aufbewahrung: LMJG 60265, 60266).

Typus: Holotypus des. ist das Exemplar 60265. — Aufbewahrung: LMJG.

Locus typicus: N-Abfall des Tressenstein bei Bad Aussee, Steiermark.

Stratum typicum: Tressenstein-Kalk, Kimmeridge, Ober-Jura.

Verbreitung: Tressenstein-Kalk der Typuslokalität.

Astrostylopsis slovenica (GERMOVŠEK, 1954)

*   1954   *Astrostylopsis slovenica* n. sp. — GERMOVŠEK, S. 361, Taf. 6, Fig. 1, Taf. 7, Fig. 1a—c (Ober-Jura [Tithon]: Slowenien. — Aufbewahrung: Geol. Inst. Akad. Wiss. Ljubljana).

v   1961   *Astrostylopsis slovenica* GERMOVŠEK. — BACHMAYER & E. FLÜGEL, S. 130, Taf. 16, Fig. 2 (Ober-Jura [Ernstbrunner Kalk, Tithon]: Steinbruch Werk II in Ernstbrunn, Niederösterreich. — Aufbewahrung: NMW 375/9 mit Schliff 10).

Verbreitung: Ober-Jura von NW-Slowenien und der Klippenzone NE Wien.

Astrostylopsis tubulata (GERMOVŠEK, 1954)

*   1954   *Actinostromaria tubulata* n. sp. — GERMOVŠEK, S. 330, Taf. 1, Fig. 2 (Ober-Jura [Tithon]: Slowenien. — Aufbewahrung: Geol. Inst. Akad. Wiss. Ljubljana).

L   1963   *Astrostylopsis tubulata.* — FENNINGER, H. FLÜGEL & HÖTZL, S. 326 (Ober-Jura [Tressenstein-Kalk; Plassen-Kalk]: Tressenstein bei Bad Aussee, Steiermark; Plassen bei Hallstatt, Oberösterreich. — Aufbewahrung: LMJG 60267—60269; UGP 1923—1924).

     1965   *Astrostylopsis tubulata* (C. GERMOVŠEK). — FENNINGER & HÖTZL, S. 16, Taf. 1, Fig. 6—7 (Ober-Jura [Tressenstein-Kalk, Kimmeridge]: SW-Abfall des Tressenstein bei Bad Aussee, Steiermark. — Aufbewahrung: LMJG 60267—60269; [Plassen-Kalk, Kimmeridge-Portland]: Plassen bei Hallstatt, Oberösterreich; Röthelstein, steirisches Salzkammergut. — Aufbewahrung: UGP 1923—1926).

L   1966   *Astrostylopsis tubulata* (GERMOVŠEK). — H. FLÜGEL & FENNINGER, S. 259 (Ober-Jura [Plassen-Kalk, Tithon]: Plassen bei Hallstatt, Oberösterreich. — Aufbewahrung: UGP 1923—1924).

Verbreitung: Ober-Jura von Slowenien und der Nordalpen.

Familia: *Stromatorhizidae* HUDSON, 1957

Genus: *Actostroma* HUDSON, 1958

Actostroma ? sp.

L   1963   *Actostroma?* sp. — FENNINGER, H. FLÜGEL & HÖTZL, S. 325 (Ober-Jura [Plassen-Kalk]: Plassen bei Hallstatt, Oberösterreich. — Aufbewahrung: UGP 1927).

     1965   *Actostroma?* sp. FENNINGER & HÖTZL, S. 17 (Ober-Jura [Plassen-Kalk]: Plassen bei Hallstatt, Oberösterreich. — Aufbewahrung: UGP 1927).

Familia: *Siphostromidae* STEINER, 1932

Genus: *Siphostroma* STEINER, 1932

Siphostroma sp.

     1965   *Siphostroma* sp. — FENNINGER & HÖTZL, S. 18 (Ober-Jura [Plassen-Kalk]: Plassen bei Hallstatt, Oberösterreich. — UGP 1928).

L   1966   *Siphostroma* sp. H. Flügel & Fenninger, S. 259 (Ober-Jura [Plassen-
            Kalk]: Plassen bei Hallstatt, Oberösterreich. — Aufbewahrung:
            UGP 1928).

Familia: *Milleporellidae* Yabe & Sugiyama, 1935

Genus: *Milleporella* Deninger, 1906

Milleporella cf. *fasciculata fasciculata* (Yabe & Sugiyama, 1935)

      1965   *Milleporella* cf. *fasciculata fasciculata* Yabe u. T. Sugiyama. — Fen-
            ninger & Hötzl, S. 18 (Ober-Jura [Tressenstein-Kalk, Kimmeridge]:
            Tressenstein bei Bad Aussee, Steiermark. — Aufbewahrung: LMJG
            60270—60273).

Verbreitung: *Milleporella fasciculata* wurde aus dem Torinosu-Kalk (Ober-Jura)
von Japan beschrieben.

Milleporella reticulata (Hötzl, 1965)

L   1963   *Milleporella* n. sp. — H. Hötzl. — Fenninger, H. Flügel & Hötzl,
            S. 326 (Ober-Jura [Tressenstein-Kalk]: Tressenstein bei Bad Aussee,
            Steiermark. — Aufbewahrung: LMJG 60274—60276).
*   1965   *Milleporella reticulata* n. sp. (H. Hötzl). — Hötzl in Fenninger
            & Hötzl, S. 19, Taf. 2, Fig. 5, Taf. 4, Fig. 3 (Ober-Jura [Tressenstein-
            Kalk]: Tressenstein bei Bad Aussee, Steiermark. — Aufbewahrung:
            LMJG 60274—60276).

Typus: Holotypus des. ist das Exemplar LMJG 60274.
Locus typicus: Punkt 30, Tressenstein bei Bad Aussee, Steiermark.
Stratum typicum: Tressenstein-Kalk, Kimmeridge, Ober-Jura.
Verbreitung: Tressenstein-Kalk der Typuslokalität.

Milleporella sp.

v   1964   *Milleporella* sp. — E. Flügel, S. 216, 219 (Ober-Jura [Plassen-Kalk,
            Tithon]: Krahstein bei Mitterndorf, steirisches Salzkammergut. —
            Aufbewahrung: THD-GP).

Genus: *Paramilleporella* Fenninger, 1965

Paramilleporella gracilis (Fenninger, 1965)

L   1963   *Milleporella* n. sp. A. Fenninger. — Fenninger, H. Flügel & Hötzl.
            S. 225 (Ober-Jura [Plassen-Kalk]: Plassen bei Hallstatt, Oberösterreich,
            — Aufbewahrung: UGP 1929).
*   1965   *Paramilleporella gracilis* n. sp. (A. Fenninger). — Fenninger in
            Fenninger & Hötzl, S. 20, Taf. 2, Fig. 3 (Ober-Jura [Plassen-Kalk,
            Kimmeridge-Portland]: Plassen bei Hallstatt, Oberösterreich. — Auf-
            bewahrung: UGP 1929—1934).

L   1966   *Paramilleporella gracilis* FENNINGER, A. — H. FLÜGEL & FENNINGER, S. 259 (Ober-Jura [Plassen-Kalk]: Plassen bei Hallstatt, Oberösterreich. — Aufbewahrung: UGP 1929—1934).

Typus: Holotypus des. ist das Exemplar CS mit 2 Schliffen. — Aufbewahrung: UGP 1929.

Locus typicus: Fundpunkt CS, Plassen bei Hallstatt, Oberösterreich.

Stratum typicum: Plassen-Kalk, Kimmeridge-Portland, Ober-Jura.

Verbreitung: Plassen-Kalk der Typuslokalität.

Familia: **Milleporidiidae** YABE & SUGIYAMA, 1935

Genus: **Milleporidium** STEINMANN, 1903

Milleporidium alpinum (KÜHN, 1926)

*   1926   *Milleporidium alpinum* nov. sp. — KÜHN, S. 26, Abb. 2—3 (Kreide/ Tertiär [Dan]: Zwieselalm, Gosauseegebiet, Oberösterreich. — Aufbewahrung: NMW?).

L   1954   *Milleporidium alpinum* KÜHN. — GANSS & KNIPSCHEER, S. 364 („Ober-Kreide": NW Liesenhütten, Zwieselalm, Gosauseegebiet, Oberösterreich. — Aufbewahrung: unbekannt).

Typus: Holotypus monotyp. ist das von KÜHN abgebildete Exemplar. Aufbewahrung: Naturhistorisches Museum Wien, Geol.-Paläont. Abteilung? — Der Verfasser konnte das von KÜHN beschriebene Exemplar in dem reichhaltigen Fossilmaterial aus dem Dan der Zwieselalm nicht finden.

Locus typicus: Zwieselalm, Gosauseegebiet, Oberösterreich.

Stratum typicum: Dan, höchste Kreide oder tiefstes Tertiär.

Verbreitung: Dan der Zwieselalm, Gosauseegebiet, Oberösterreich.

Milleporidium curvatum (HÖTZL, 1965)

*   1965   *Milleporidium curvatum* n. sp. (H. HÖTZL). — HÖTZL, in FENNINGER & HÖTZL, S. 22, Taf. 4, Fig. 1—2 (Ober-Jura [Tressenstein-Kalk]: Tressenstein bei Bad Aussee, Steiermark; [Plassen-Kalk]: Plassen bei Hallstatt, Oberösterreich. — Aufbewahrung: UGP 1935, UGP 1936; LMJG 60277—60280).

L   1966   *Milleporidium curvatum* HÖTZL. — H. FLÜGEL & FENNINGER, S. 259 (Ober-Jura [Plassen-Kalk]: Plassen bei Hallstatt, Oberösterreich. — Aufbewahrung: UGP 1935, UGP 1936).

Typus: Holotypus des. ist die Probe M/16 (3 Schliffe). — Aufbewahrung: LMJG 60277.

Locus typicus: SW-Abfall des Tressenstein bei Bad Aussee, Steiermark.

Stratum typicum: Tressenstein-Kalk, Kimmeridge, Ober-Jura.

Verbreitung: Ober-Jura des Tressenstein und Plassen, Nordalpen.

Milleporidium fasciculatum (YABE & SUGIYAMA, 1935)

*   1935   *Milleporidium fasciculatum* n. sp. — YABE & SUGIYAMA, S. 188, Taf. 64,
               Taf. 65, Fig. 1—5, Taf. 66, Fig. 1—4 (Ober-Jura [Torinosu limestone]:
               Japan. — Aufbewahrung: Department of Geology, Tohoku University,
               Sendai).

L   1963   *Milleporidium fasciculatum.* — FENNINGER, H. FLÜGEL & HÖTZL, S. 326
               (Ober-Jura [Tressenstein-Kalk]: Tressenstein bei Bad Aussee, Steier-
               mark; [Plassen-Kalk]: Plassen bei Hallstatt, Oberösterreich. — Auf-
               bewahrung: LMJG 60281, 60282; UGP 1937).

        1965   *Milleporidium fasciculatum* H. YABE u. T. SUGIYAMA. — FENNINGER
               & HÖTZL, S. 23, Taf. 3, Fig. 1—2 (Ober-Jura [Tressenstein-Kalk,
               Kimmeridge]: SW- und SSO-Abfall des Tressenstein bei Bad Aussee,
               Steiermark; [Plassen-Kalk]: Fundpunkt H 9, Plassen bei Hallstatt,
               Oberösterreich. — Aufbewahrung: LMJG 60281, 60282; UGP 1937).

L   1966   *Milleporidium fasciculatum* YABE, H. & SUGIYAMA, T. — H. FLÜGEL
               & FENNINGER, S. 259 (Ober-Jura [Plassen-Kalk, Kimmeridge-Port-
               land]: Plassen bei Hallstatt, Oberösterreich. — Aufbewahrung:
               UGP 1937).

Verbreitung: Ober-Jura von Japan und der Nordalpen.

Milleporidium irregulare irregulare (SCHNORF, 1960 ?)

*   1960   *Milleporidium irregularis* n. sp. — A. SCHNORF, S. 723, Abb. 9—11
               (Unter-Kreide [Valangin]: Arzier, Jura vaudois, Schweiz. — Auf-
               bewahrung: Geol. Inst. Univ. Lausanne).

        1965   *Milleporidium irregularis irregularis* A. SCHNORF? — FENNINGER
               & HÖTZL, S. 23 (Ober-Jura [Tressenstein-Kalk, Kimmeridge]: Tressen-
               stein W der Warte, Bad Aussee, Steiermark. — Aufbewahrung:
               LMJG 60313).

Verbreitung: Valangin des Schweizer Jura; Ober-Jura der Nordalpen?

Milleporidium cf. *irregulare irregulare* (SCHNORF, 1960)

        1965   *Milleporidium* cf. *irregularis irregularis* A. SCHNORF. — FENNINGER
               & HÖTZL, S. 24, Taf. 8, Fig. 3 (Ober-Jura [Plassen-Kalk, Kimmeridge-
               Portland]: Plassen bei Hallstatt, Oberösterreich. — Aufbewahrung:
               UGP 1938).

L   1966   *Milleporidium* cf. *irregularis irregularis* SCHNORF, A. — H. FLÜGEL
               & FENNINGER, S. 260 (Ober-Jura [Plassen-Kalk]: Plassen bei Hallstatt,
               Oberösterreich. — Aufbewahrung: UGP 1938).

Verbreitung: siehe oben.

Milleporidium kabardinense kabardinense (YAVORSKY, 1947)

*   1947   *Milleporidium kabardinense* n. sp. — YAVORSKY, S. 19, Taf. 9, Fig. 6—8
               (Unter-Kreide [Valangin]: Nord-Kaukasus, UdSSR. — Aufbewahrung:
               Geol. Inst. Akad. Wiss. Leningrad).

L   1963   *Milleporidium kabardinense.* — FENNINGER, H. FLÜGEL & HÖTZL, S. 326
               (Ober-Jura [Tressenstein-Kalk, Kimmeridge]: Tressenstein bei Bad
               Aussee, Steiermark; [Plassen-Kalk, Kimmeridge-Portland]: Plassen bei

Hallstatt, Oberösterreich. — Aufbewahrung: LMJG 60283—60291,
UGP 1939, 1940).

1965 *Milleporidium kabardinense kabardinense* YAVORSKY. — FENNINGER
& HÖTZL, S. 24, Taf. 3, Fig. 3—4 (Ober-Jura [Tressenstein-Kalk]:
Tressenstein bei Bad Aussee, Steiermark; [Plassen-Kalk]: Plassen bei
Hallstatt, Oberösterreich. — Aufbewahrung: LMJG 60283—60291,
UGP 1939, 1940).

Verbreitung: Valangin des Nord-Kaukasus und Ober-Jura der Nordalpen.

Milleporidium kitamiense (HASHIMOTO, 1960)

* 1960 *Milleporidium kitamiensis* n. sp. — HASHIMOTO, S. 120, Taf. 3, Fig. 1—5
(Ober-Jura [Ainonai limestone]: Japan. — Aufbewahrung: Department
of Geology, Tohoku University, Sendai).

v 1964 *Milleporidium kitamiensis* HASHIMOTO. — E. FLÜGEL, S. 216, 220,
Taf. 11, Abb. 4 (Ober-Jura [Plassen-Kalk]: Krahstein bei Mitterndorf,
steirisches Salzkammergut. — Aufbewahrung: THD-GP).

1965 *Milleporidium kitamiensis* W. HASHIMOTO. — FENNINGER & HÖTZL,
S. 25 (Ober-Jura [Tressenstein-Kalk, Kimmeridge]: Tressenstein bei
Bad Aussee, Steiermark. — Aufbewahrung: LMJG 60292; [Plassen-
Kalk]: Plassen bei Hallstatt, Oberösterreich und Röthelstein im
steirischen Salzkammergut. — Aufbewahrung: UGP 1941—1943).

L 1965 *Milleporidium kitamiensis* HASHIMOTO. — HIRSCHBERG & JACOBS-
HAGEN, S. 34 (Ober-Jura [Plassen-Kalk]: Gipfel des Röthelstein,
steirisches Salzkammergut. — Aufbewahrung: Geol. Inst. Univ.
Marburg a. d. Lahn).

L 1966 *Milleporidium kitamiensis* HASHIMOTO, W. — H. FLÜGEL & FENNINGER,
S. 260 (Ober-Jura [Plassen-Kalk]: Plassen bei Hallstatt, Oberösterreich.
— Aufbewahrung: UGP 1941—1942).

Verbreitung: Ober-Jura von Japan und der Nordalpen.

Milleporidium styliferum (YABE & SUGIYAMA, 1935)

* 1935 *Milleporidium styliferum* n. sp. — YABE & SUGIYAMA, S. 188, Taf. 63,
Fig. 7, Taf. 65, Fig. 6, Taf. 67, Fig. 1—3 (Ober-Jura [Torinosu lime-
stone]: Japan. — Aufbewahrung: Department of Geology, Tohoku
University, Sendai).

L 1963 *Milleporidium styliferum.* — FENNINGER, H. FLÜGEL & HÖTZL, S. 326
(Ober-Jura [Tressenstein-Kalk, Kimmeridge): Tressenstein bei Bad
Aussee, Steiermark. — Aufbewahrung: LMJG 60293).

1965 *Milleporidium styliferum* H. YABE u. T. SUGIYAMA. — FENNINGER
& HÖTZL, S. 26 (Ober-Jura [Tressenstein-Kalk]: Tressenstein bei Bad
Aussee, Steiermark. — Aufbewahrung: LMJG 60293).

Verbreitung: Ober-Jura von Japan und der Nordalpen.

Milleporidium tressenium (HÖTZL, 1965)

L 1963 *Milleporidium* n. sp. — H. HÖTZL. — FENNINGER, H. FLÜGEL & HÖTZL,
S. 326 [Ober-Jura (Tressenstein-Kalk]: Tressenstein bei Bad Aussee,
Steiermark. — Aufbewahrung: LMJG 60294).

* 1965 *Milleporidium tressenium* n. sp. (H. Hötzl). — Hötzl in Fenninger & Hötzl, S. 26, Taf. 4, Fig. 4, Taf. 5, Fig. 1 (Ober-Jura [Tressenstein-Kalk, Kimmeridge]: Tressenstein-Kamm bei Bad Aussee, Steiermark. — Aufbewahrung: LMJG 60294).

Typus: Holotypus des. ist das Exemplar LMJG 60294/B/2/6.

Locus typicus: Kamm des Tressenstein, 30 m W der Warte.

Stratum typicum: Tressenstein-Kalk, Kimmeridge, Ober-Jura.

Verbreitung: Tressenstein-Kalk der Typuslokalität.

Milleporidium sp.

v 1964 *Milleporidium* sp. — E. Flügel, S. 216, 217, 220, Taf. 12, Abb. 5 (Ober-Jura [Plassen-Kalk, Tithon]: Krahstein bei Mitterndorf, steirisches Salzkammergut; Jaintzen bei Bad Ischl, Oberösterreich. — Aufbewahrung: THD-GP).

Genus: *Shuqraia* Hudson, 1954

Shuqraia zuffardiae (Wells, 1943)

* 1943 *Milleporidium zufardiae* n. sp. — Wells, S. 51, Taf. 9, Fig. 1, 3, 6, 9 (Ober-Jura: Äthiopien. — Aufbewahrung: Smithsonian Institution, Washington).

L 1963 *Shuqraia zuffardiae.* — Fenninger, H. Flügel & Hötzl, S. 325 (Ober-Jura [Plassen-Kalk]: Plassen bei Hallstatt, Oberösterreich. — Aufbewahrung: UGP 1944—1946).

1965 *Shuqraia zuffardiae* (J. W. Wells). — Fenninger & Hötzl, S. 27 (Ober-Jura [Plassen-Kalk, Kimmeridge — Portland]: Plassen bei Hallstatt, Oberösterreich. — Aufbewahrung: UGP 1944—1946).

L 1966 *Shuqraia zuffardiae* (Wells, J. W.). — H. Flügel & Fenninger, S. 260 (Ober-Jura [Plassen-Kalk]: Plassen bei Hallstatt, Oberösterreich. — Aufbewahrung: UGP 1944—1946).

Verbreitung: Ober-Jura von Äthiopien, Britisch-Somaliland, S-Arabien und der Nordalpen.

Genus: *Steineria* Hudson, 1956

Steineria romanica (Dehorne, 1918)

* 1918 *Stromatopora romanica* n. sp. — Dehorne, S. 221 (Ober-Jura: Dobrudscha, Rumänien. — Aufbewahrung: Geol. Inst. Univ. Sorbonne, Paris).

L 1963 *Steineria romanica.* — Fenninger, H. Flügel & Hötzl, S. 325 (Ober-Jura [Plassen-Kalk]: Plassen bei Hallstatt, Oberösterreich. — Aufbewahrung: UGP 1947).

1965 *Steineria romanica* (Y. Dehorne). — Fenninger & Hötzl, S. 28 (Ober-Jura [Plassen-Kalk, Kimmeridge — Portland]: Plassen bei Hallstatt, Oberösterreich. — Aufbewahrung: UGP 1947).

L   1966   *Steineria romanica* (DEHORNE, Y.). — H. FLÜGEL & FENNINGER, S. 260 Ober-Jura [Plassen-Kalk]: Plassen bei Hallstatt, Oberösterreich. — Aufbewahrung: UGP 1947).

Verbreitung: Ober-Jura von Rumänien und der Nordalpen.

Steineria undulata (FENNINGER, 1965)

L   1963   *Steineria* n. sp. — FENNINGER, H. FLÜGEL & HÖTZL, S. 325 (Ober-Jura [Plassen-Kalk]: Plassen bei Hallstatt, Oberösterreich. — Aufbewahrung: UGP 1948, 1949).

*   1965   *Steineria undulata* n. sp. (A. FENNINGER). — FENNINGER in FENNINGER & HÖTZL, S. 29, Taf. 2, Fig. 2, Taf. 5, Fig. 3, Abb. 3 (Ober-Jura [Plassen-Kalk]: Plassen bei Hallstatt, Oberösterreich. — Aufbewahrung: UGP 1948, 1949).

Typus: Holotypus des. ist das Exemplar E/1 mit 4 Schliffen. — Aufbewahrung: UGP 1948.

Locus typicus: Fundpunkt E, Plassen bei Hallstatt, Oberösterreich.

Stratum typicum: Plassen-Kalk, Kimmeridge — Portland, Ober-Jura.

Verbreitung: Plassen-Kalk der Typuslokalität.

Familia: *Parastromatoporidae* HUDSON, 1959

Genus: *Cladocoropsis* FELIX, 1906

Cladocoropsis lata (FENNINGER, 1965)

L   1963   *Cladocoropsis* n. sp. — A. FENNINGER. — FENNINGER, H. FLÜGEL & HÖTZL, S. 325 (Ober-Jura [Plassen-Kalk]: Plassen bei Hallstatt, Oberösterreich. — Aufbewahrung: UGP 1955—1957).

*   1965   *Cladocoropsis lata* n. sp. (A. FENNINGER). — FENNINGER in FENNINGER & HÖTZL, S. 37, Taf. 5, Fig. 2 (Ober-Jura [Plassen-Kalk]: Plassen bei Hallstatt, Oberösterreich. — Aufbewahrung: UGP 1955—1967).

L   1966   *Cladocoropsis lata* FENNINGER, A. — H. FLÜGEL & FENNINGER, S. 260 Ober-Jura [Plassen-Kalk]: Plassen bei Hallstatt, Oberösterreich. — Aufbewahrung: UGP 1955—1957).

Typus: Holotypus des. ist das Exemplar UGP 1955.

Locus typicus: Fundpunkt 80, Gipfel des Plassen bei Hallstatt.

Stratum typicum: Oberer Teil des Plassen-Kalkes, Portland, Ober-Jura.

Verbreitung: Plassen-Kalk der Typuslokalität.

Cladocoropsis mirabilis (FELIX, 1906)

*   1906   *Cladocoropsis mirabilis* n. sp. — FELIX, S. 3, Abb. 1—5 (Ober-Jura [Kimmeridge]: Dalmatien, Jugoslawien).

L   1963   *Cladocoropsis mirabilis*. — FENNINGER, H. FLÜGEL & HÖTZL, S. 325 (Ober-Jura [Plassen-Kalk]: Plassen bei Hallstatt, Oberösterreich. — Aufbewahrung: UGP 1958—1960).

1965   *Cladocoropsis mirabilis* J. FELIX. — FENNINGER & HÖTZL, S. 38, Taf. 3,
        Fig. 5, Taf. 7, Fig. 6 (Ober-Jura [Plassen-Kalk, Kimmeridge — Port-
        land]: Plassen bei Hallstatt, Oberösterreich. — Aufbewahrung:
        UGP 1958—1960).

L   1966   *Cladocoropsis mirabilis* FELIX, J. — H. FLÜGEL & FENNINGER, S. 260
        (Ober-Jura [Plassen-Kalk]: Plassen bei Hallstatt, Oberösterreich. —
        Aufbewahrung: UGP 1958—1960).

Verbreitung: Ober-Jura von Jugoslawien, Italien, Schweiz, Frankreich, Griechenland, Albanien, Kreta, Cypern, Libanon, S-Arabien, Sumatra und Japan.

Genus: *Dehornella* LECOMPTE, 1952

Dehornella aff. *harrarensis* (WELLS, 1943?)

L   1963   *Dehornella* aff. *harrarensis* ? — FENNINGER, H. FLÜGEL & HÖTZL, S. 326
        (Ober-Jura) [Tressenstein-Kalk, Kimmeridge]: Tressenstein bei Bad
        Aussee, Steiermark. — Aufbewahrung: LMJG 60302, 60303).

1965   *Dehornella* aff. *harrarensis* J. W. WELLS sensu R. G. S. HUDSON 1960 ? —
        FENNINGER & HÖTZL, S. 35, Taf. 2, Fig. 6 (Ober-Jura [Tressenstein-Kalk,
        Kimmeridge]: Punkt 61 am Tressenstein bei Bad-Aussee, Steiermark. —
        Aufbewahrung: LMJG 60302, 60303).

Verbreitung: *Dehornella harrarensis* wurde aus dem Ober-Jura von Äthiopien
beschrieben.

Genus: *Parastromatopora* YABE & SUGIYAMA, 1935

Parastromatopora crassifibra (YABE & SUGIYAMA, 1935)

*   1935   *Stromatopora (Parastromatopora) crassifibra* n. sp. — YABE & SZUGIYAMA,
        S. 179, Taf. 41, Fig. 8, Taf. 43, Fig. 8, Taf. 45, Fig. 3, Taf. 51, Fig. 9,
        Taf. 57, Fig. 6—7, Taf. 62, Fig. 1 (Ober-Jura [Torinosu limestone]:
        Japan. — Aufbewahrung: Department of Geology, Tohoku University,
        Sendai).

1965   *Parastromatopora crassifibra* H. YABE u. T. SUGIYAMA. — FENNINGER
        & HÖTZL, S. 31, Taf. 7, Fig. 2—3 (Ober-Jura [Tressenstein-Kalk,
        Kimmeridge]: SW-Abfall des Tressenstein bei Bad Aussee, Steiermark. —
        Aufbewahrung: LMJG 60295—60297).

Verbreitung: Ober-Jura von Japan und der Nordalpen.

Parastromatopora jurensis (SCHNORF, 1960)

*   1960   *Parastromatopora jurensis* n. sp. — SCHNORF, S. 731, Abb. 3—5, Taf. 2,
        Fig. 2 (Ober-Jura [Sequan]: Schweiz. — Aufbewahrung: Geol. Inst.
        Univ. Lausanne).

L   1963   *Parastromatopora jurensis*. — FENNINGER, H. FLÜGEL & HÖTZL, S. 326
        (Ober-Jura [Tressenstein-Kalk, Kimmeridge]: Tressenstein bei Bad
        Aussee, Steiermark. — Aufbewahrung: LMJG 60298, 60299).

1965 *Parastromatopora jurensis* A. SCHNORF. — FENNINGER & HÖTZL, S. 32 (Ober-Jura [Tressenstein-Kalk, Kimmeridge]: Tressenstein bei Bad Aussee, Steiermark. — Aufbewahrung: LMJG 60298, 60299).

Verbreitung: Ober-Jura der Schweiz und der Nordalpen.

Parastromatopora kiiensis (YABE & SUGIYAMA, 1935 ?)

* 1935 *Parastromatopora kiiensis* n. sp. — YABE & SUGIYAMA, S. 179, Taf. 41, Fig. 9—10, Taf. 46, Fig. 1—2, Taf. 47, Fig. 1 (Ober-Jura [Torinosu limestone]: Japan. — Aufbewahrung: Department of Geology, Tohoku University, Sendai).

1965 *Parastromatopora kiiensis* YABE, H. & SUGIYAMA, T. ? — FENNINGER & HÖTZL, S. 32 (Ober-Jura [Plassen-Kalk, Kimmeridge — Portland]: Plassen bei Hallstatt, Oberösterreich. — Aufbewahrung: UGP 1950).

L 1966 *Parastromatopora kiiensis* YABE & SUGIYAMA ? — H. FLÜGEL & FENNINGER, S. 260 (Ober-Jura [Plassen-Kalk]: Plassen bei Hallstatt, Oberösterreich. — Aufbewahrung: UGP 1950).

Verbreitung: Ober-Jura von Japan und der Nordalpen.

Parastromatopora memorianaumanni (YABE & SUGIYAMA, 1935)

* 1935 *Stromatopora (Parastromatopora) memorianaumanni* n. sp. — YABE & SUGIYAMA, S. 180, Taf. 47, Fig. 5—6, Taf. 48, Fig. 1—2, Taf. 49, Fig. 1—2, Taf. 50, Fig. 1—2, Taf. 51, Fig. 1—2, Taf. 52, Fig. 1, Taf. 55, Fig. 3—4, Taf. 58, Fig. 6, Taf. 62, Fig. 6, Taf. 63, Fig. 1—2 (Ober-Jura [Torinosu limestone]: Japan. — Aufbewahrung: Department of Geology, Tohoku University, Sendai).

v 1964 *Stromatopora (Parastromatopora) memorianaumanni* YABE & SUGIYAMA. — E. FLÜGEL, S. 216, 220 (Ober-Jura [Plassen-Kalk]: Krahstein bei Mitterndorf, steirisches Salzkammergut. — Aufbewahrung THD-GP).

Verbreitung: Ober-Jura von Japan und der Nordalpen.

Parastromatotopora memorianaumanni tenuissima (YABE & SUGIYAMA, 1935)

* 1935 *Stromatopora (P.) memorianaumanni tenuissima* n. subsp. — YABE & SUGIYAMA, S. 181, Taf. 53, Fig. 1—3, Taf. 63, Fig. 3—5 (Ober-Jura [Torinosu limestone]: Japan. — Aufbewahrung: Department of Geology, Tohoku University, Sendai).

1965 *Parastromatopora memorianaumanni tenuissima* H. YABE & T. SUGIYAMA. — FENNINGER & HÖTZL, S. 33 (Ober-Jura [Tressenstein-Kalk, Kimmeridge]: SW-Abfall des Tressenstein bei Bad Aussee, Steiermark. — Aufbewahrung: LMJG 60314).

Verbreitung: Ober-Jura von Japan und der Nordalpen.

Parastromatopora pilata (HÖTZL, 1965)

L 1963 *Parastromatopora* n. sp. — H. HÖTZL. — FENNINGER, H. FLÜGEL & HÖTZL, S. 326 (Ober-Jura [Tressenstein-Kalk, Kimmeridge]: Tressenstein bei Bad Aussee, Steiermark. — Aufbewahrung: LMJG 60300, 60301).

* 1965 *Parastromatopora pilata* n. sp. (H. HÖTZL). — HÖTZL in FENNINGER & HÖTZL, S. 33, Taf. 4, Fig. 5—6 (Ober-Jura [Tressenstein-Kalk, Kimmeridge]: Tressenstein bei Bad Aussee, Steiermark. — Aufbewahrung: LMJG 60300, 60301).

Typus: Holotypus des. ist das Exemplar 60300. — Aufbewahrung: LMJG.

Locus typicus: SW-Abfall des Tressenstein bei Bad Aussee, Steiermark.

Stratum typicum: Tressenstein-Kalk, Kimmeridge, Ober-Jura.

Verbreitung: Tressenstein-Kalk der Typuslokalität.

Genus: *Syringostromina* LECOMPTE, 1952

Syringostromina pruvosti (LECOMPTE, 1952)

* 1952 *Syringostromina pruvosti* n. sp. — LECOMPTE, S. 14, Taf. 1, Fig. 2, 2a (Ober-Jura: Portugal. — Aufbewahrung: Geol. Inst. Univ. Sorbonne, Paris).

1965 *Syringostromina pruvosti* M. LECOMPTE. — FENNINGER & HÖTZL, S. 36, Taf. 2, Fig. 4, Taf. 7, Fig. 1 (Ober-Jura [Plassen-Kalk, Kimmeridge — Portland]: Plassen bei Hallstatt, Oberösterreich. — Aufbewahrung: UGP 1951—1954).

L 1966 *Syringostromina pruvosti* LECOMPTE, M. — H. FLÜGEL & FENNINGER, S. 260 (Ober-Jura [Plassen-Kalk]: Plassen bei Hallstatt, Oberösterreich. — Aufbewahrung: UGP 1951—1954).

Verbreitung: Ober-Jura von Portugal und der Nordalpen.

Familia: *Burgundiidae* DEHORNE, 1920

Genus: *Burgundia* DEHORNE, 1920

Burgundia alpina (YABE & SUGIYAMA, 1931)

* 1931 *Plassenia alpina* gen. et sp. nov. — YABE & SUGIYAMA, S. 113, Taf. 9, Fig. 1—5 (Ober-Jura [Plassen-Kalk]: Plassen bei Hallstatt, Oberösterreich. — Aufbewahrung: Department of Geology, Tohoku University, Sendai).

L 1939 *P. alpina* YABE & SUGIY. — KÜHN, S. A 56, Abb. 90 (Ober-Jura [Plassen-Kalk]: Plassen bei Hallstatt, Oberösterreich. — Aufbewahrung: Department of Geology, Tohoku University, Sendai).

1965 *Burgundia alpina* (H. YABE & T. SUGIYAMA). — FENNINGER & HÖTZL, S. 39, Taf. 5, Fig. 4, Taf. 6, Fig. 5, Taf. 8, Fig. 1 (Ober-Jura [Plassen-Kalk]: Plassen bei Hallstatt, Oberösterreich. — Aufbewahrung: Department of Geology, University of Tohoku, Sendai; UGP 1961, UGP 1962).

Typus: Holotypus des. ist das von YABE & SUGIYAMA beschriebene Exemplar Nr. 22102. — Aufbewahrung: Department of Geology, Tohoku University, Sendai.

Locus typicus: Plassen bei Hallstatt, Oberösterreich.

Stratum typicum: Plassen-Kalk, Kimmeridge — Portland, Ober-Jura.

Bemerkungen: Das Originalmaterial wurde durch FENNINGER & HÖTZL (1965) neu untersucht und abgebildet. Die Autoren weisen darauf hin, daß die Art weitgehende Ähnlichkeiten mit *Burgundia trinorchii* DEHORNE besitzt.

Verbreitung: Ober-Jura des Plassen bei Hallstatt, Oberösterreich.

Burgundia mamelonata (FENNINGER, 1965)

* 1965 *Burgundia mamelonata* n. sp. (A. FENNINGER). — FENNINGER in FENNINGER & HÖTZL, S. 40, Taf. 6, Fig. 1, Taf. 7, Fig. 4 (Ober-Jura [Plassen-Kalk]: Gipfel des Plassen bei Hallstatt, Oberösterreich. — Aufbewahrung: UGP 1963—1965).

Typus: Holotypus des. ist das Exemplar UGP 1963.

Locus typicus: Gipfel des Plassen bei Hallstatt, Oberösterreich.

Stratum typicum: Plassen-Kalk, Portland, Ober-Jura.

Verbreitung: Plassen-Kalk der Typuslokalität.

Burgundia steinerae (HUDSON, 1955)

* 1955 *Burgundia steinerae* n. sp. — HUDSON, S. 228, Taf. 22, Fig. 1—3 (Ober-Jura [Sequan]: SW-Arabien. — Aufbewahrung: Department of Geology, British Museum [Natural History], London).

L 1963 *Burgundia steinerae.* — FENNINGER, H. FLÜGEL & HÖTZL, S. 325 (Ober-Jura [Plassen-Kalk]: Plassen bei Hallstatt, Oberösterreich. — Aufbewahrung: UGP 1966, 1967).

 1965 *Burgundia steinerae* R. G. S. HUDSON. — FENNINGER & HÖTZL, S. 41 (Ober-Jura [Plassen-Kalk, Kimmeridge—Portland]: Plassen bei Hallstatt, Oberösterreich. — Aufbewahrung: UGP 1966, 1967).

L 1966 *Burgundia steinerae* HUDSON, R. G. S. — H. FLÜGEL & FENNINGER, S. 260 (Ober-Jura [Plassen-Kalk]: Plassen bei Hallstatt, Oberösterreich. — Aufbewahrung: UGP 1966, 1967).

Verbreitung: Ober-Jura von SW-Arabien und der Nordalpen.

Burgundia ? sp.

L 1963 *Burgundia?* sp. — FENNINGER, H. FLÜGEL & HÖTZL, S. 325 (Ober-Jura [Plassen-Kalk]: Plassen bei Hallstatt, Oberösterreich. — Aufbewahrung: 1968—1970).

 1965 *Burgundia?* sp. — FENNINGER & HÖTZL, S. 42, Taf. 6, Fig. 2—3 (Ober-Jura [Plassen-Kalk]: Plassen bei Hallstatt, Oberösterreich. — Aufbewahrung: UGP 1968—1970).

L 1966 *Burgundia?* sp. — H. FLÜGEL & FENNINGER, S. 260 (Ober-Jura [Plassen-Kalk]: Plassen bei Hallstatt, Oberösterreich. — Aufbewahrung: UGP 1968—1970).

5*

Ordo: *Spongiomorphida* ALLOITEAU, 1952

Familia: *Spongiomorphidae* FRECH, 1890

Genus: *Balatonia* VINASSA DE REGNY, 1907

Balatonia ? sp. n. sp. A (E. FLÜGEL & E. SY, 1959)

v　　1903　*Spongiomorpha*? *Stromatomorpha*? — WÄHNER, S. 97, Abb. 10—11 auf S. 96 (Ober-Trias [Oberrät-Riffkalk]: Hochiss, Sonnwendgebirge, Tirol. — Aufbewahrung: NMW 1958/311/1—2).

*　　1959　*Balatonia*? sp., n. sp. A. — E. FLÜGEL & E. SY, S. 59, Taf. 1, Fig. 6 (Ober-Trias [Oberrät-Riffkalk]: Hochiss, Sonnwendgebirge, Tirol. — Aufbewahrung: NMW 1968/311/1—2).

Bemerkungen: Es handelt sich um eine mit *Balatonia kochi* VINASSA DE REGNY 1907 aus dem Karn des Bakony (Ungarn) in einigen Merkmalen übereinstimmende Art.

Verbreitung: Rätolias-Riffkalke der Nordalpen.

Genus: *Heptastylis* FRECH, 1890

Heptastylis stromatoporoides (FRECH, 1890)

*　　1890　*Heptastylis stromatoporoides* nov. sp. — FRECH, S. 73, Abb. auf S. 69, 74 (Ober-Trias [Zlambach-Schichten]: Hammerkogel, Rohrmoos am W-Ende des Gosaukammes, Oberösterreich; Fischerwiese bei Altaussee, Steiermark. — Aufbewahrung: Material verloren).

L　　1956　*Heptastylis stromatoporoides* FRECH. — PLÖCHINGER & OBERHAUSER, S. 281 (Ober-Trias [Rät]: Ostfuß des Untersberges bei Salzburg. — Aufbewahrung: Geol. Bundesanst. Wien).

v　　1959　*Heptastylis stromatoporoides* FRECH. — E. FLÜGEL & E. SY, S. 30, Taf. 2, Fig. 5 (Ober-Trias [Zlambach-Schichten, Rät]: Kesselwand, Rohrmoos am W-Ende des Gosaukammes, Oberösterreich. — Aufbewahrung: NMW 1958/294).

Typus: Da das Originalmaterial in Verlust geraten ist, wäre ein Neotypus zu bestimmen.

Locus typicus: Fischerwiese bei Altaussee, Steiermark.

Stratum typicum: Zlambach-Schichten, Rät, Ober-Trias.

Verbreitung: Rätische Zlambach-Schichten der Nordalpen.

Genus: *Spongiomorpha* FRECH, 1890

Spongiomorpha acyclica (FRECH, 1890)

*　　1890　*Spongiomorpha acyclica* nov. sp. — FRECH, S. 77, Abb. auf S. 77 (Ober-Trias [Zlambach-Schichten, Rät]: Fischerwiese bei Aussee, Steiermark; Ödalm, W-Ende des Gosaukammes, Oberösterreich. — Aufbewahrung: Material in Wien und München vernichtet).

　　　1906　*Spongiomorpha acyclica* FRECH. — ARTHABER, Taf. 69, Fig. 7 (Ober-Trias [Zlambach-Schichten, Rät]: Nordalpen).

L 1933 *Thamnaraea (Spongiomorpha) acyclica* FRECH. — KÜHNEL, S. 347
(Oberrät-Riffkalk: Kirchbruch in Adnet, Salzburg. — Aufbewahrung:
unbekannt).

1959 *Spongiomorpha acyclica* FRECH. — E. FLÜGEL & E. SY, S. 34, Taf. 3,
Fig. 1—2 (Ober-Trias [Zlambach-Schichten, Rät]: Fischerwiese bei
Aussee, Steiermark; Ödalm, W-Ende des Gosaukammes, Oberösterreich.
— Aufbewahrung: NMW 1927/6).

Typus: Das Typusmaterial ist in Verlust geraten (siehe E. FLÜGEL & E. SY 1959:
35), es wäre daher ein Neotypus zu bestimmen.

Locus typicus: Fischerwiese bei Altaussee, Steiermark.

Stratum typicum: Zlambach-Schichten, Rät, Ober-Trias.

Verbreitung: Selten in den rätischen Zlambach-Schichten der Nordalpen; ober-
norische Kalke der Insel Hydra/Argolis.

Spongiomorpha asiatica (YABE & SUGIYAMA, 1931)

* 1931 *Spongiomorpha (Heptastylopsis) asiatica* n. sp. — YABE & SUGIYAMA,
S. 104, Taf. 34, Fig. 1—8, Taf. 35, Fig. 5 (Ober-Jura [Torinosu lime-
stone]: Japan. — Aufbewahrung: Department of Geology, Tohoku
University, Sendai).

L 1963 *Spongiomorpha asiatica*. — FENNINGER, H. FLÜGEL & HÖTZL, S. 326
(Ober-Jura [Plassen-Kalk; Tressenstein-Kalk]: Plassen bei Hallstatt;
Tressenstein bei Bad Aussee. — Aufbewahrung: LMJG 60304—60307,
UGP 1971—1974).

1965 *Spongiomorpha asiatica* H. YABE u. T. SUGIYAMA. — FENNINGER
& HÖTZL, S. 43, Taf. 7, Fig. 5 (Ober-Jura [Tressenstein-Kalk, Kimme-
ridge]: Ost- und SW-Abfall des Tressenstein bei Bad Aussee, Steiermark; [Plassen-Kalk, Kimmeridge—Portland]: Plassen bei Hallstatt;
Röthelstein bei Mitterndorf, Steiermark. — Aufbewahrung: LMJG
60304—60307, UGP 1971—1979).

L 1965 *Spongiomorpha asiatica* YABE & SUGIYAMA. — HIRSCHBERG & JACOBS-
HAGEN, S. 34 (Ober-Jura [Plassen-Kalk]: Gipfel des Röthelstein bei
Filzmoos, Salzburg. — Aufbewahrung: Geol. Inst. Univ. Marburg
a. d. Lahn).

L 1966 *Spongiomorpha asiatica* YABE, H. & SUGIYAMA, T. — H. FLÜGEL
& FENNINGER, S. 260 (Ober-Jura [Plassen-Kalk, Kimmeridge-Port-
land]: Plassen bei Hallstatt, Oberösterreich. — Aufbewahrung:
UGP 1971—1974).

Verbreitung: Ober-Jura und Kreide von Japan, Ober-Jura der Nordalpen, Lias
von Marokko.

Spongiomorpha gibbosa (FRECH, 1890)

* 1890 *Spongiomorpha (Heptastylopsis) gibbosa* nov. sp. — FRECH, S. 75, Abb.
auf S. 69, 72, 75, (Ober-Trias [Zlambach-Schichten, Rät]: Hammerkogel
und Kesselwand, Rohrmoos, W-Ende des Gosaukammes, Oberösterreich
Fig. 1—3 (Ober-Trias [Zlambach-Schichten, Rät]: Kesselwand, Rohrmoos am W-Ende des Gosaukammes, Oberösterreich. — Aufbewahrung:
NMW 1958/304/1—9).

Typus: Das von FRECH abgebildete Material ist in Verlust geraten (siehe E. FLÜGEL & E. SY 1959: 39). Es wäre demnach ein Neotypus zu bestimmen.

Locus typicus: Hammerkogel im Gosaubecken, Rohrmoos am W-Ende des Gosaukammes, Oberösterreich.

Stratum typicum: Zlambach-Schichten, Rät, Ober-Trias.

Verbreitung: Rätische Zlambach-Schichten der Nordalpen. Norische Kalke von Griechenland, Timor, Alaska, Oregon und Californien.

Spongiomorpha minor (FRECH, 1890)

* 1890 *Spongiomorpha minor* nov. sp. — FRECH, S. 78, Abb. auf S. 78 (Ober-Trias [Zlambach-Schichten, Rät]: Ödalm, Rohrmoos am W-Ende des Gosaukammes; Hallstätter Salzberg, Oberösterreich. — Aufbewahrung: Sammlung FRECH, Univ. Breslau, wahrscheinlich vernichtet).

v 1959 *Spongiomorpha minor* FRECH. — E. FLÜGEL & E. SY, S. 41 (Ober-Trias [Zlambach-Schichten, Rät]: Thörleck, Rohrmoos am W-Ende des Gosaukammes, Oberösterreich. — Aufbewahrung: NMW 1958/305).

Typus: Da das Originalmaterial in Verlust geraten ist, wäre ein Neotypus zu bestimmen (siehe E. FLÜGEL & E. SY 1959: 41).

Locus typicus: Ödalm, Rohrmoos am W-Ende des Gosaukammes, Oberösterreich.

Stratum typicum: Zlambach-Schichten, Rät, Ober-Trias.

Verbreitung: Rätische Zlambach-Schichten der Nordalpen.

Spongiomorpha cf. minor (FRECH, 1890)

1890 *Spongiomorpha cf. minor.* — FRECH, S. 78 (Ober-Trias [Kössener Schichten, Rät]: Voralp bei Altenmarkt, Steiermark. — Aufbewahrung: verloren).

Bemerkungen: Die Innenstruktur ist nicht erhalten.

Verbreitung: siehe oben.

Spongiomorpha ramosa (FRECH, 1890)

* 1890 *Spongiomorpha (Heptastylopsis) ramosa* nov. sp. — FRECH, S. 76, Abb. auf S. 76 (Ober-Trias [Zlambach-Schichten, Rät]: Fischerwiese bei Aussee, Steiermark; Hallstätter Salzberg, Oberösterreich. — Aufbewahrung: Material verloren).

1909 *Spongiomorpha ramosa* FRECH. — HAAS, S. 155, Taf. 5, Fig. 16, Taf. 6, Fig. 1 (Ober-Trias [Zlambach-Schichten, Rät]: Fischerwiese bei Aussee, Steiermark. — Aufbewahrung: Paläont. Inst. Univ. Wien).

non L 1958 *Spongiomorpha ramosa* FRECH. — KRISTAN, S. 263 (Ober-Trias [Hallstätter Riffkalk]: Hohe Wand, Niederösterreich. — Aufbewahrung: Geol. Inst. Univ. Wien).
Es handelt sich um eine Bryozoe.

v 1959 *Spongiomorpha ramosa* FRECH. — E. FLÜGEL & E. SY, S. 43, Taf. 2, Fig. 4 (Ober-Trias [Zlambach-Schichten, Rät]: Ödalm, Rohrmoos am W-Ende des Gosaukammes, Oberösterreich. — Aufbewahrung: NMW 1903/XII/149, 1958/306).

L v   1961   *Spongiomorpha ramosa* FRECH. — E. FLÜGEL, S. 33 (Ober-Trias [Dachstein-Riffkalk]: Sauwand bei Gußwerk, Steiermark. — Aufbewahrung: LMJG).

L v   1963   *Spongiomorpha ramosa* FRECH. — E. FLÜGEL & E. FLÜGEL-KAHLER, S. 31 (Ober-Trias [Dachstein-Riffkalk]: Sauwand bei Gußwerk, Steiermark. — Aufbewahrung: LMJG).

v   1966   *Spongiomorpha ramosa* FRECH. — FABRICIUS, S. 18 (Ober-Trias [Kössener Korallenkalk, Rät]: Bayerische und Nordtiroler Kalkalpen. — Aufbewahrung: Bayerische Staatssammlung für Paläontologie, München).

Typus: Da das Originalmaterial in Verlust geraten ist, wäre ein Neotypus zu bestimmen (siehe E. FLÜGEL & E. SY 1959: 43).

Locus typicus: Fischerwiese bei Altaussee, Steiermark.

Stratum typicum: Zlambach-Schichten, Rät, Ober-Trias.

Verbreitung: Rätische Zlambach-Schichten, Kössener Schichten und Dachstein-Riffkalke der Nordalpen; norische Kalke von Griechenland und Alaska.

Spongiomorpha sp.

v   1942   *Spongiomorpha* spec. — O. KÜHN, S. 116 (Ober-Trias [Rät]: Gipfelpartie der Scesaplana, Vorarlberg. — Aufbewahrung: Naturmuseum Dornbirn).

v   1959   *Spongiomorpha* sp. — E. FLÜGEL & E. SY, S. 48, Taf. 3, Fig. 3 (Ober-Trias [Opponitzer Kalk, Karn]: Alm-Tal NW Alm-See, Oberösterreich. — Aufbewahrung: Naturhistorisches Museum Basel).

L v   1960   *Spongiomorpha* sp. indet. — E. FLÜGEL, S. 244 (Ober-Trias [Dachstein-Riffkalk]: Donnerkogel, W-Ende des Gosaukammes, Oberösterreich. — Aufbewahrung: NMW).

Genus: *Stromatomorpha* FRECH, 1890

Stromatomorpha delicata (FRECH, 1890)

1890   *Stromatomorpha delicata.* — FRECH, S. 79, 101 (Ober-Trias [„oberer bunter Muschelkalk"]: Rudolfsbrunnen bei Bad Ischl, Oberösterreich. — Aufbewahrung: unbekannt).

Bemerkungen: Nach E. FLÜGEL & E. SY (1959: 52) handelt es sich um eine nicht gültig beschriebene Art.

Stromatomorpha rhaetica (O. KÜHN, 1942)

v *   1942   *Stromatomorpha rhaetica* nov. spec. — O. KÜHN, S. 117, Taf. 1, Fig. 2—3 (Ober-Trias [Rät]: Gipfelpartie der Scesaplana, Vorarlberg. — Aufbewahrung: Naturmuseum Dornbirn, S 808, S 843).

v   1959   *Stromatomorpha rhaetica* KÜHN. — E. FLÜGEL & E. SY, S. 52 (Ober-Trias [Rät]: Scesaplana, Vorarlberg. — Aufbewahrung: S 808, S 843, Naturmuseum Dornbirn).

1959   *Stromatomorpha rhaetica* KÜHN. — HUCKRIEDE, S. 61 (Ober-Trias
       [Kössener Schichten, Rät]: Kaisers, Lechtaler Alpen, Tirol. — Auf-
       bewahrung: Geol. Inst. Univ. Marburg a. d. Lahn).

L v   1960   *Stromatomorpha rhaetica* KÜHN. — E. FLÜGEL, S. 244 (Ober-Trias
       [Dachstein-Riffkalk]: Donnerkogel, W-Ende des Gosaukammes, Ober-
       österreich. — Aufbewahrung: NMW).

L v   1961   *Stromatomorpha rhaetica* KÜHN. — E. FLÜGEL, S. 33 (Ober-Trias
       [Dachstein-Riffkalk]: Sauwand bei Gußwerk, Steiermark. — Auf-
       bewahrung: LMJG).

L v   1963   *Stromatomorpha rhaetica* KÜHN. — E. FLÜGEL & E. FLÜGEL-KAHLER,
       S. 31, 32 (Ober-Trias [Dachstein-Riffkalk]: Sauwand bei Gußwerk,
       Steiermark. — Aufbewahrung: LMJG).

v   1966   *Stromatomorpha rhaetica* KÜHN. — FABRICIUS, S. 21 (Trias/Lias
       [Rätolias-Riffkalk]: Bayerische und Nordtiroler Kalkalpen. — Auf-
       bewahrung: Bayerische Staatssammlung für Paläontologie, München).

L v   1967   *Stromatomorpha rhaetica* KÜHN. — W. SCHLAGER, S. 260 (Ober-Trias
       [Zlambach-Schichten, Rät]: Seenfurche, Hinterer Gosausee, Ober-
       österreich. — Aufbewahrung: Geol. Inst. Univ. Wien).

Typus: Holotypus des. ist das Exemplar S 808. — Aufbewahrung: Naturmuseum
Dornbirn.

Locus typicus: Gipfelpartie der Scesaplana, Vorarlberg.

Stratum typicum: Rät („wahrscheinlich oberer Abschnitt"), Ober-Trias.

Verbreitung: Rätische Kössener Schichten, Zlambach-Schichten und Dachstein-
Riffkalke sowie Rätolias-Riffkalke der Nordalpen.

Stromatomorpha stylifera (FRECH, 1890)

*   1890   *Stromatomorpha stylifera* nov. sp. — FRECH, S. 79, Abb. auf S. 79
       (Ober-Trias [Zlambach-Schichten, Rät]: Hallstätter Salzberg bei Hall-
       statt, Oberösterreich. — Aufbewahrung: wahrscheinlich verloren [früher
       Geol. Bundesanst. Wien]).

L   1933   *Stromatomorpha stylifera* FRECH. — KÜHNEL, S. 347 (Oberrät-Riffkalk:
       Kirchenbruch in Adnet bei Hallein, Salzburg. — Aufbewahrung:
       unbekannt).

v non 1956   *Stromatomorpha stylifera* FRECH. — PLÖCHINGER, S. 73 (Ober-Trias:
       Schloßberg/Emmerberg bei Wiener Neustadt, Niederösterreich. — Auf-
       bewahrung: Geol. Bundesanstalt Wien).
       Nach E. FLÜGEL & E. SY (1959: 56) handelt es sich um einen Kalk-
       schwamm!

v   1959   *Stromatomorpha stylifera* FRECH. — E. FLÜGEL & E. SY, S. 54, Taf. 3,
       Fig. 4 (Ober-Trias [Zlambach-Schichten, Rät]: Törleck und Kesselwand
       am W-Ende des Gosaukammes, Oberösterreich. — Aufbewahrung:
       NMW 1958/308 u. a.).

Typus: Da das Originalmaterial nicht aufzufinden ist, wäre ein Neotypus fest-
zulegen.

Locus typicus: Hallstätter Salzberg bei Hallstatt, Oberösterreich.

Stratum typicum: Zlambach-Schichten, Rät, Ober-Trias.

Verbreitung: Rätische Zlambach-Schichten der Nordalpen. Obertriadische Kalke
von Kotel (Bulgarien).

Stromatomorpha sp.

L v 1960 *Stromatomorpha* sp. — E. FLÜGEL, S. 244 (Ober-Trias [Dachstein-Riffkalk]: Donnerkogel, W-Ende des Gosaukammes, Oberösterreich. — Aufbewahrung: NMW).

Familia: *Incertae sedis*

Genus: *Lamellata* E. FLÜGEL & E. SY, 1959

Lamellata wähneri (E. FLÜGEL & E. SY, 1959)

* 1959 *Lamellata wähneri* n. sp. — E. FLÜGEL & E. SY, S. 61, Taf. 1, Fig. 2—3 (Ober-Trias [Oberrät-Riffkalk]: Ostflanke des Rofan, Sonnwendgebirge, Tirol; Rötelwand bei Hallein, Salzburg; Steinplatte bei Weidring, Tirol. — Aufbewahrung: NMW 1958/309/1—5, 1959/331/15—18).

v 1966 *Lamellata wähneri* FLÜGEL & SY. — FABRICIUS, S. 21, Taf. 11, Fig. 1—2 (Trias/Jura [Rätolias-Riffkalk]: „Steinlöcher" S Hochiss, Sonnwendgebirge, Tirol. — Aufbewahrung: 2453a, 2454a, 2454b, Bayerische Staatssammlung für Paläontologie, München).

Typus: Holotypus des. ist das Exemplar 1958/309/1. — Aufbewahrung: NMW.

Locus typicus: Ostfuß des Rofan, gegen das Jöchl, Sonnwendgebirge, Tirol.

Stratum typicum: Weißer Riffkalk, Rätolias-Riffkalk.

Bemerkungen: Die Art wurde bereits von WÄHNER (1903, S. 96) als „*Ellipsactinia?, Sphaeractinia?*" beschrieben und abgebildet. Die gleichen Formen haben VORTISCH (1926: 11) aus dem oberrätischen Riffkalk der W-Flanke der Steinplatte bei Weidring, LEUCHS (1928) ebenfalls von der Steinplatte und C. RENZ (1955: 23) aus dem obertriadischen Pantokrator-Kalk der Insel Korfu bekannt gemacht.

Verbreitung: Rätolias-Riffkalke der Nordalpen; Pantokrator-Kalk der Insel Korfu, Griechenland.

Ordo: *Hydroidea* JOHNSTON, 1836

Familia: *Hydractiniidae* AGASSIZ, 1862

Genus: *Cyclactinia* VINASSA DE REGNY, 1899

Cyclactinia sp.

1931 Hydraktinien (Cyclactinien). — EHRENBERG, S. 164 (Tertiär [Miozän]: Enzesfeld bei Vöslau S Wien. — Aufbewahrung: Paläont. Inst. Univ. Wien?).

1935 Cyclactinien. — ABEL, S. 527, Abb. 436 (Miozän: Enzesfeld bei Vöslau S Wien. — Aufbewahrung: Paläont. Inst. Univ. Wien).

1939 *Cyclactinia* sp. — O. KÜHN, S. A 26, Abb. 28 (Tertiär [Miozän]: Gainfarn, Wiener Becken. — Aufbewahrung: Paläont. Inst. Univ. Wien?).

Bemerkungen: Es handelt sich um auf Gastropoden-Gehäusen inkrustierte Hydrozoen, die bisher noch nicht genau bearbeitet sind.

Liste der Gattungen

Literatur

Arbeiten, die nur zu Vergleichszwecken herangezogen wurden und in denen keine Hydrozoen aus Österreich beschrieben sind, wurden durch ein * bezeichnet.

ABEL, O. (1935): Vorzeitliche Lebensspuren. — 644 S., 530 Abb. Jena (Fischer).

ARTHABER, G. v. (1906): Die alpine Trias des Mediterrangebietes. — In PHILIPPI, E., NOETLING, F. & ARTHABER, G. v.: Lethaea geognostica II, 1, 223—475, 27 Taf., Stuttgart (Schweizerbart).

ASSERETO, R. (1962): Celenterati devonici del Monte Osternig (Alpi Carniche). — Riv. Ital. Paleont., 68, 1, 3—38, Taf. 1—4, 3 Abb., Milano.

BACHMAYER, F. & FLÜGEL, E. (1961): Die Hydrozoen aus dem Ober-Jura von Ernstbrunn (Niederösterreich) und Stramberg (ČSSR). — Palaeontographica, A, 116, 122—143, Taf. 15—18, 6 Abb., 1 Tab., Stuttgart.

BITTNER, A. (1884): Aus den Salzburger Kalkhochgebirgen — Zur Stellung der Hallstätter Kalke (Fortsetzung aus Nr. 5 der Verhandlungen). — Verh. geol. Reichsanst., 1884, 99—113, Wien.

CERRI, L. (1930): Gli Heliolites nel Nucleo Centrale Carnico. — Riv. Ital Paleont., 36, 52—64, Taf. 6, Pavia.

CHARLESWORTH, J. K. (1915): Die Fauna des devonischen Riffkalkes. IV. Korallen und Stromatoporoiden. — Z. deutsch. geol. Ges., 66, Jg. 1914, 347—393, Taf. 30—34. Anhang: Obersilurische Korallen vom Westabhang des Findenig-Kofels bei Paularo. — S. 393—407, Berlin.

CLAR, E., CLOSS, A., HERITSCH, F., HOHL, O., KUNTSCHNIG, A., PETRASCHEK, W., SCHWINNER, R. & THURNER, A. (1929): Die geologische Karte der Hochlantschgruppe in der Steiermark. — Mitt. naturwiss. Ver. Steiermark, 64/65, 3—28, 1 geol. Karte, Graz.

*DIENER, C. (1921): Cnidaria triadica. — Fossilium Catalogus, I, Animalia, 13, 46 S., Berlin (W. Junk).

EHRENBERG, K. (1931): Über Lebensspuren von Einsiedlerkrebsen. — Palaeobiol., 4, 137—174, Taf. 10—15, Wien.

ERBEN, H. K., FLÜGEL, H. & WALLISER, O. H. (1962): Zum Alter der Hercynellen führenden Gastropoden-Kalke der zentralen Karnischen Alpen. — Symposium, 2. Internat. Arbeitstagung Silur/Devon-Grenze, Bonn—Bruxelles, 71—79, 1 Tab., Stuttgart (Schweizerbart).

FABRICIUS, F. H. (1966): Beckensedimentation und Riffbildung an der Wende Trias/Jura in den Bayerisch-Tiroler Kalkalpen. — Internat. Sedimentary Petrographical Series, 9, 143 S., 27 Taf., 24 Abb., 7 Tab., Leiden (Brill).

FENNINGER, A., FLÜGEL, H. & HÖTZL, H. (1963): Bericht über paläontologisch-mikrofazielle Untersuchungen an ostalpinen Plassenkalken s. l. — Anz. Österr. Akad. Wiss., math.-naturwiss. Kl., Jg. 1963, 15, 324—327, Wien.

FENNINGER, A. & HÖTZL, H. (1965): Die Hydrozoa und Tabulozoa der Tressenstein- und Plassenkalke (Ober-Jura). — Mitt. Mus. Bergbau Geol. Technik, Landesmus. „Joanneum", 27, 63 S., 8 Taf., 4 Abb., 9 Tab., Graz.

FERRARI, A. & VAI, G. B. (1966): Ricerche stratigrafiche e paleontologiche al Monte Zermula (Alpi Carniche). — Giorn. Geol., (2a), 33, 2, Jg. 1965, 389—406, Taf. 50—54, 3 Abb., Bologna.

FLÜGEL, ERIK (1956): Revision der devonischen Hydrozoen der Karnischen Alpen. — Carinthia II, 66, 41—60, 1 Taf., 5 Tab., Klagenfurt.

— (1958a): Revision der Hydrozoen des Grazer Devons. — Mitt. Geol. Ges. Wien, 49, Jg. 1956, 129—172, 6 Taf., 4 Tab., Wien.

— (1958b): Eine mitteldevonische Korallen-Stromatoporen-Fauna vom Plöckenpaß (Kleiner Pal — Westflanke, Karnische Alpen). — Carinthia II, 68, 49—61, Klagenfurt.

— (1958c): Die paläozoischen Stromatoporen-Faunen der Ostalpen. Verbreitung und Stratigraphie. — Jb. geol. Bundesanst., 101, 1, 167—186, 1 Abb., 4 Tab., Wien.

— (1959): Die Gattung Actinostroma NICHOLSON und ihre Arten (Stromatoporoidea). — Ann. Naturhist. Mus. Wien, 63, 90—273, Taf. 6—7, 3 Abb., 27 Tab., Wien.

— (1960): Untersuchungen im obertriadischen Riff des Gosaukammes (Dachsteingebiet, Oberösterreich). II. Untersuchungen über die Fauna und Flora des Dachsteinriffkalkes der Donnerkogel-Gruppe. — Verh. geol. Bundesanst., 1960, 2, 241—252, Wien.

— (1961): Vorläufiger Bericht über den Fossilinhalt der Sauwand (Ober-Trias) bei Gußwerk, Steiermark. — Mitt. naturwiss. Ver. Steiermark, **91**, 31—36, Graz.

— (1964): Ein neues Vorkommen von Plassen-Kalk (Ober-Jura) im steirischen Salzkammergut (Österreich). — N. Jb. Geol. Paläont., Abh., **120**, 2, 213—232, Taf. 11—13, 2 Abb., 1 Tab., Stuttgart.

FLÜGEL, E. & FLÜGEL-KAHLER, E. (1963): Mikrofazielle und geochemische Gliederung eines obertriadischen Riffes der nördlichen Kalkalpen (Sauwand bei Gußwerk, Steiermark, Österreich). — Mitt. Mus. Bergbau, Geol. Technik, Landesmus. „Joanneum", **24**, Jg. 1962, 1—129, 10 Taf., 11 Abb., 19 Tab., Graz.

*— (1968): Stromatoporoidea (Hydrozoa palaeozoica). — Fossilium Catalogus, I, Animalia, **115, 116**, 681 S., s'-Gravenhage (W. Junk).

FLÜGEL, E. & GRÄF, W. (1959): Aufnahmen 1958 auf Kartenblatt Kötschach (197). — Verh. geol. Bundesanst., 1959, 3, A 17—A 19, Wien.

— (1960): Aufnahmen 1959 auf Kartenblatt Kötschach (197), Karnische Alpen. — Verh. geol. Bundesanst., 1960, 3, A 20—A 22, Wien.

FLÜGEL, E. & SY, E. (1959): Die Hydrozoen der Trias. — N. Jb. Geol. Paläont., Abh., **109**, 1, 1—108, Taf. 1—3, 2 Abb., 3 Tab., Stuttgart.

FLÜGEL, HELMUT (1953): Die stratigraphischen Verhältnisse des Paläozoicums von Graz. — N. Jb. Geol. Paläont., Mh., 1953, 2, 55—92, 11 Tab., 1 Abb., Stuttgart.

— (1956): Die „Sandsteinfazies" des Mitteldevons von Graz. — Anz. Akad. Wiss., math.-naturwiss. Kl., Jg. 1956, 6, 45—57, Wien.

— (1958): 140 Jahre geologische Forschung im Grazer Paläozoikum. — Mitt. naturwiss. Ver. Steiermark, **88**, 51—78, Taf. 8, 2 Tab., Graz.

— (1960): Das Problem der Unter-Devon/Mittel-Devon- und der Silur/Devon-Grenze im Paläozoikum von Graz. — Prager Arbeitstagung über die Stratigraphie des Silurs und Devons, 1958, 115—121, 1 Abb., Prag (Ustredni ustav geol.).

— (1961): Die Geologie des Grazer Berglandes. — Mitt. Mus. Bergbau Geol. Technik, Landesmus. „Joanneum", **23**, 212 S., 4 Abb., 46 Tab., Graz.

— (1963): Das Steirische Randgebirge. — Sammlung Geol. Führer, **42**, 153 S., 4 Taf., 15 Abb., 1 geol. Karte, Berlin (Borntraeger).

— (1964): Das Paläozoikum in Österreich. — Mitt. Geol. Ges. Wien, **56**, Jg. 1963, 2, 401—443, 6 Tab., 5 Abb., Wien.

FLÜGEL, H. & FENNINGER, A. (1966): Die Lithogenese der Oberalmer Schichten und der mikritischen Plassenkalke (Tithonium), Nördliche Kalkalpen. — N. Jb. Geol. Paläont., Abh., **123**, 249—280, Taf. 28—31, 10 Abb., 2 Tab., Stuttgart.

FOETTERLE, F. (1865): Versteinerungen aus dem Schneegebirge im Salzburgischen von Herrn J. Mayerhofer. — Verh. geol. Reichsanst., **1865**, 264, Wien.

FRECH, F. (1887): Über die Altersstellung des Grazer Devons. — Mitt. naturwiss. Ver. Steiermark, **24**, 47—64, Graz.

— (1890): Die Korallenfauna der Trias. I. Die Korallen der juvavischen Triasprovinz. — Palaeontographica, **37**, 1—116, Taf. 1—21, Stuttgart.

— (1891): Über das Devon der Ostalpen. — Z. deutsch. geol. Ges., **43**, 672—687, Taf. 44—47, Berlin.

— (1894): Die Karnischen Alpen. Ein Beitrag zur vergleichenden Gebirgstektonik. — Abh. naturforsch. Ges. Halle, **18**, 515 S., 16 Taf., 112 Abb., Halle.

— (1896): Unterdevonische Korallen aus den Karnischen Alpen. — Z. deutsch. geol. Ges., **48**, 199—201, Berlin.

*GALLOWAY, J. J. (1957): Structure and Classification of the Stromatoporoidea. — Bull. Amer. Paleont., **37**, 164, 345—480, Taf. 31—37, Ithaca.

*GALLOWAY, J. J. & ST. JEAN, J. (1957): Middle Devonian Stromatoporoidea of Indiana, Kentucky, and Ohio. — Bull. Amer. Paleont., **37**, 162, 29—308, Taf. 1—23, Ithaca.

GANSS, O. & KNIPSCHEER, H. C. G. (1954): Das Alter der Nierentaler und Zwieselalmschichten des Beckens von Gosau. — N. Jb. Geol. Paläont., Abh., **99**, 3, 361—378, Taf. 23—24, 1 Karte, Stuttgart.

GAERTNER, H. v. (1927): Vorläufige Mitteilung zur Geologie der Zentralkarnischen Alpen. — Mitt. naturwiss. Ver. Steiermark, **63**, 111—118, Graz.

— (1931): Geologie der Zentralkarnischen Alpen. — Denkschr. Akad. Wiss. Wien, math.-naturwiss. Kl., **102**, 113—199, 5 Taf., 16 Abb., Wien.

*GERTH, H. (1915): Die Heterastridien von Timor. — Paläont. Timor, **2**, 61—69, Taf. 42, 2 Abb., Stuttgart.

GORTANI, M. (1912): Stromatoporoidi devoniani del Monte Coglians (Alpi Carniche). — Riv. Ital. Paleont., **18**, 117—130, Taf. 4, Bologna.

— (1913): La serie devoniana nella Giogaia del Coglians (Alpi Carniche). — Boll. R. Com. Geol. Italia, **43**, Jg. 1912, 235—274, 3 Taf., 2 Abb., Roma.

GRÄF, W. (1962): Aufnahme 1961 auf Kartenblatt 198 (Weißbriach), Karnische Alpen. — Verh. geol. Bundesanst., Jg. 1962, 3, A 28—A 31, Wien.

*GRUBIC, A. (1961): Nouveau coup d'œil rétrospectif sur les problèmes de la stratigraphie de Sphaeractinidea. — Zavod Geol. Geofiz. Istrazivanaja, Vesnik, **19**, (A), 159—179, Beograd.

HAAS, O. (1909): Bericht über neue Aufsammlungen in den Mergeln der Zlambach-Schichten der Fischerwiese bei Altaussee. — Beitr. Geol. Paläont. Österreich - Ungarns u. d. Orients, **22**, 143—162, 1 Taf., Wien.

HABERFELNER, E. (1935): Die Geologie des Eisenerzer Reichenstein und des Polster. — Mitt. Abt. Bergbau Geol. Paläont., Landesmus. Joanneum, **2**, 32 S., 1 geol. Karte, Graz.

— (1936): Das Paläozoicum von Althofen am Krappfeld. — Zentralbl. N. Jb. Min. Geol. Paläont., B, 1936, 395—408, 6 Abb., Stuttgart.

HAHN, F. F. (1910): Geologie der Kammercker-Sonntagshorngruppe. Teil 1. — Jb. geol. Reichsanst., **60**, 311—420, Taf. 16—17, 20 Abb., Wien.

HERITSCH, F. (1915): Untersuchungen zur Geologie des Paläozoikums von Graz. I. Die Fauna und Stratigraphie der Schichten mit Heliolites Barrandei. — Denkschr. Akad. Wiss., math.-naturwiss. Kl., **92**, 549—614, 1 Taf., Wien.

— (1917): Untersuchungen zur Geologie des Paläozoikums von Graz. II. Die geologische Stellung der Schichten mit Heliolites Barrandei in der Umgebung von Graz. III. Das Devon der Hochlantschgruppe. — Denkschr. Akad. Wiss. Wien, math.-naturwiss. Kl., **94**, 51—112, 6 Abb., 1 geol. Karte; Teil IV — 311—374,1 Taf., 8 Abb., Wien.

— (1918): Beiträge zur geologischen Kenntnis der Steiermark. IX. Die Fauna des unterdevonischen Korallenkalkes der Mittelsteiermark nebst Bemerkungen über das Devon der Ostalpen. — Mitt. naturwiss. Ver. Steiermark, **54**, 7—52, 1 Beilage, Graz.

— (1927): Aus dem Paläozoikum des Vellachtales in Kärnten. — Jb. geol. Bundesanst., **77**, 1/2, 165—194, 6 Abb., Wien.

— (1929): Faunen aus dem Silur der Ostalpen. — Abh. geol. Bundesanst., **23**, 1—183, Taf. 1—8, 19 Abb., Wien.

— (1932): Korallen aus dem Schöckelkalk bei Deutsch-Feistritz. — Verh. geol. Bundesanst., 1932, 152, Wien.

— (1943): Die Stratigraphie der geologischen Formationen der Ostalpen. I. Das Paläozoikum. — 681 S., Berlin (Borntraeger). — Auflage nahezu vollkommen verbrannt; im Katalog nicht berücksichtigt!

HIRSCHBERG, K. & JACOBSHAGEN, V. (1965): Stratigraphische Kondensation in Adnether Kalken am Rötelstein bei Filzmoos (Salzburger Kalkalpen). — Verh. geol. Bundesanst., 1965, 1/2, 33—42, 1 Abb., Wien.

*JAEGER, H. & PÖLSLER, P. (1968): Bericht über die geologische Aufnahme des Findenigkofels (Monte Lodin) in den Karnischen Alpen (Kärnten). — Anz. Akad. Wiss., math.-naturwiss. Kl., 1968, 7, 149—155, 1 Abb., Wien.

KITTL, E. (1909): Geologische Exkursionen im Salzkammergut. — Internat. Geol. Kongreß Wien, Führer zu den Exkursionen, Teil 4, 118 S., 1 geol. Karte, Wien.

KOLLMANN, H. (1964a): Stratigraphie und Tektonik des Gosaubeckens von Gams (Steiermark, Österreich). — Jb. geol. Bundesanst., **107**, 71—159, 4 Taf., 5 Abb., Wien.

— (1964b): Untersuchungen im obertriadischen Riff des Gosaukammes (Dachsteingebiet, Oberösterreich). VII. Funde von *Heterastridium conglobatum* REUSS (Heterastriidae, Hydrozoa) im Dachstein-Riffkalk und ihre stratigraphische Bedeutung. — Verh. geol. Bundesanst., 1964, 2, 181—187, 1 Abb., 2 Tab., Wien.

KRISTAN, E. (1958): Geologie der Hohen Wand und des Miesenbachtales (Niederösterreich). — Jb. geol. Bundesanst., **101**, 249—291, Taf. 22—23, 3 Abb., Wien.

KRÖLL, A. (1949): Das Paläozoikum zwischen Übelbach und Geistal. — Unveröff. Diss. Univ. Graz.

KÜHN, O. (1926): Das Danien der äußeren Klippen. — Geol. Paläont. Abh., **17**/5, 84 S., 2 Taf., Jena.

*— (1928): Hydrozoa. — Fossilium Catalogus, I, Animalia, **36**, 114 S., Berlin (W. Junk).

— (1929): Die Stromatoporen der Karnischen Alpen. — Mitt. naturwiss. Ver. Steiermark, **65**, 224—235, Graz.

*— (1939): Hydrozoa. — In SCHINDEWOLF, O. H.: Handbuch der Paläozoologie, **2** A, A 1—A 68, 96 Abb., Berlin (Borntraeger).

— (1942): Zur Kenntnis des Rhät von Vorarlberg. — Mitt. alpenländ. geol. Vereinigung (Geol. Ges. Wien), **33**, 111—157, 2 Taf., 6 Abb., Wien.

KÜHNEL, J. (1932): *Udotea adnetensis* nov. sp., eine Alge des Rhät aus der Familie der Codiaceen. — N. Jb. Min. Geol. Paläont. B, **69**, 347—352, Taf. 18—19, Stuttgart.

*LECOMPTE, M. (1951—1952): Les Stromatoporoides du Dévonien moyen et supérieur du Bassin de Dinant. Prémiere Partie. — Inst. Roy. Sci. Natur. Belgique, Mém. **116**, 1—215, Taf. 1—35. Deuxième Partie, Mém. **117**, 216—369, Taf. 36—70, Bruxelles.

LEUCHS, K. (1907): Die geologische Zusammensetzung und Geschichte des Kaisergebirges. — Z. des Ferdinandeums Innsbruck, (3), **51**, 53—137, 10 Taf., 1 Karte, Innsbruck.

— (1928): Beiträge zur Lithogenesis kalkalpiner Sedimente. I. Beobachtungen an Riffgesteinen der nordalpinen Trias. — N. Jb. Min. Geol. Paläont., B, **59**, 357—408, Taf. 25—35, Stuttgart.

MEYER, A. (1937): Devonische Fauna am Ausgang des Schindelgrabens bei Gösting bei Graz. — Verh. geol. Bundesanst., 1937, 12, 264—268, Wien.

MOJSISOVICS, E. v. (1896): Über den chronologischen Umfang des Dachsteinkalkes. — Sitzungsber. Österr. Akad. Wiss., math.-naturwiss. Kl., Abt. I, **105**, 5—40, Wien.

MURCHISON, R. I. (1850): Über den Gebirgsbau in den Alpen. — Stuttgart (Leonard).

*NESTOR, H. (1964): Stromatoporoidei ordovika i llandoveri Estonii. — Inst. geol. Akad. nauk Estonskoi SSR, 1964, 1—111, 32 Taf., 38 Abb., 5 Tab., Tallinn.

*— (1966): Stromatoporoidei wenloka i ludlowa Estonii. — Inst. geol. Akad. nauk Estonskoi SSR, 87 S., 24 Taf., 18 Abb., 7 Tab., Tallinn.

PENECKE, K. A. (1887): Über die Fauna und das Alter einiger paläozoischer Korallenriffe der Ostalpen. — Z. deutsch. geol. Ges., **39**, 267—276, Taf. 20, Berlin.

— (1890): Vom Hochlantsch. — Mitt. naturwiss. Ver. Steiermark, **26**, 17—28, Graz.

— (1894): Das Grazer Devon. — Jb. geol. Reichsanst. **43**, Jg. 1893, 567—661, Taf. 7—12, 1 Abb., Wien.

PICHLER, H. (1963): Geologische Untersuchungen im Gebiet zwischen Roßfeld und Markt Schellenberg im Berchtesgadener Land. — Beih. Geol. Jb., **48**, 129—204, 6 Taf., 5 Abb., 3 Tab., Hannover.

PLÖCHINGER, B. (1955): Zur Geologie des Kalkalpenabschnittes vom Torrener Joch zum Ostfuß des Untersberges; die Göllmasse und die Halleiner Hallstätter Zone. — Jb. geol. Bundesanst., **98**, 93—144, 5 Abb., Taf. 5—7, Wien.

— (1956): Bericht 1955 über Aufnahmen auf Blatt Wiener Neustadt (76). — Verh. geol. Bundesanst., 1956, A 72—A 76, Wien.

— (1964): Die tektonischen Fenster von St. Gilgen und Strobl am Wolfgangsee (Salzburg, Österreich). — Jb. geol. Bundesanst., **107**, 11—69, 2 Taf., 9 Abb., Wien.

PLÖCHINGER, B. & OBERHAUSER, R. (1956): Ein bemerkenswertes Profil mit rhätisch-liassischen Mergeln am Untersberg-Ostfuß (Salzburg). — Verh. geol. Bundesanst., 1956, 275—283, 1 Abb., Wien.

PÖLSLER, P. (1967): Geologie des Plöckentunnels der Ölleitung Triest—Ingolstadt (Karnische Alpen, Österreich/Italien). — Carinthia II, **77**, 37—58, 4 Abb., 1 Tab., 2 Beil., Klagenfurt.

QUENSTEDT, F. A. (1881): Petrefactenkunde Deutschlands. I. Abt., **6**, Korallen. Die Röhren- und Sternkorallen. — X + 1093 S., 1 Atlas mit Taf. 143—184, Leipzig (Fuess).

REIS, O. M. (1926): Die Fauna des Wettersteinkalkes, Teil 3. — Geognost. Jb., **39**, 87—138, 10 Taf., München.

REUSS, A. E. (1865): Zwei neue Anthozoen aus den Hallstätter Schichten. — Sitzungsber. Akad. Wiss., math.-naturwiss. Kl., **61**, 1—15, Taf. 1—4, Wien.

SCHÄFER, A. (1937): Geologische Karte des Buchkogel—Florianibergzuges. — Mitt. naturwiss. Ver. Steiermark, **74**, 133—143, Taf. 7, 1 Abb., Graz.

— (1938): Über Bau und Arten von Amphipora Schulz. — Verh. geol. Bundesanst., 1938, 113—115, 1 Abb., Wien.

SCHLAGER, W. (1967): Fazies und Tektonik am Westrand der Dachsteinmasse (Österreich). II. Geologische Aufnahme von Unterlage und Rahmen des Obertriasriffes im Gosaukamm. — Mitt. Ges. Geol. Bergbaustud., **17**, Jg. 1966, 205—282, 3 Taf., 8 Abb., Wien.

SCHLOSSER, M. (1898): Das Triasgebiet bei Hallein. — Z. deutsch. geol. Ges., **50**, 333—384, Taf. 12—13, Berlin.

SCHOUPPE, A. v. (1939): Die Coelenteratenfauna des e-gamma der Karnischen Alpen. — Anz. Akad. Wiss., math.-naturwiss. Kl., 1939, 1—3, Wien.

— (1954): Korallen und Stromatoporen aus dem ef der Karnischen Alpen. — N. Jb. Geol. Paläont., Abh., **99**, 379—450, Taf. 25—27, Stuttgart.

SEELMEIER, H. (1941): Das Alter des Schöckelkalkes. — Ber. Reichsstelle f. Bodenforsch. Wien, 1941, 74—79, Wien.

SEYDLITZ, M. (1906): Geologische Untersuchungen im östlichen Rhätikon. — Ber. naturforsch. Ges. Freiburg i. Br., **16**, 232—366, 1 Taf., Freiburg i. Br.

SIEBER, R. (1937): Neue Untersuchungen über die Stratigraphie und Ökologie der alpinen Triasfaunen. I. Die Fauna der nordalpinen Rhätriffkalke. — N. Jb. Min. Geol. Paläont., Beil.-Bd. **78**, B, 123—188, Taf. 2—5, 5 Abb., Stuttgart.

— (1961): Bericht 1960 über paläontologisch-stratigraphische Untersuchungen im Mesozoikum der westlichen Kalkalpen Österreichs. — Verh. geol. Bundesanst., 1961, 3, A 107—A 110, Wien.

SPENGLER, E. (1919): Die Gebirgsgruppe des Plassen und Hallstätter Salzberges im Salzkammergut. — Jb. geol. Reichsanst. f. 1918, **68**, 285—474, Taf. 14—18, Wien.

STACHE, G. (1884): Über die Silurbildungen der Ostalpen mit Bemerkungen über die Devon-, Carbon- und Perm-Schichten dieses Gebietes. — Z. deutsch. geol. Ges., **36**, 277—378, 1 Tab., Berlin.

*STEARN, C. W. (1961): Devonian Stromatoporoids from the Canadian Rocky Mountains. — J. Paleont., **35**, 5, 932—948, Taf. 105—107, 3 Abb., Tulsa.

*— (1966): The Microstructure of Stromatoporoids. — Paleontology, **9**, 1, 74—124, Taf. 14—19, 15 Abb., London.

— (1969): The Stromatoporoid Genera *Tienodictyon, Intexodictyon, Hammatostroma* and *Plexodictyon*. — J. Paleont., **43**, 3, 753—766, Taf. 99—100, 4 Abb., Menasha.

STUR, D. (1871): Geologie der Steiermark. — 654 S., Graz (Geognost.-Montan. Ver.).

TOLLMANN, A. (1960): Die Hallstätter Zone des östlichen Salzkammergutes und ihr Rahmen. — Jb. geol. Bundesanst., **103**, 37—131, Taf. 2—5, 4 Abb., Wien.

TRAUTH, F. (1926): Geologie der Nördlichen Radstädter Tauern und ihres Vorlandes. — Denkschr. Akad. Wiss., math.-naturwiss. Kl., **100**, 101—212, Taf. 1—6, Wien.

— (1948): Die fazielle Ausbildung und Gliederung des Oberjura in den nördlichen Ostalpen. — Verh. geol. Bundesanst., 1948, 10/12, 145—218, Taf. 1—3, Wien.

*TURNŠEK, D. (1966): Zgornjejurska hidrozojska favna iz juzne Slovenije (Upper Jurassic Hydrozoan Fauna from Southern Slovenia). — Slovenska Akad. Znanosti Umetnosti, Cl. IV, Razprave, **9**/8, 1—94, 19 Taf., Ljubljana.

UNGER, F. (1843): Die geognostischen Verhältnisse der Umgebung von Grätz. — In SCHREINER: Grätz, 73—75, Graz.

VINASSA DE REGNY, P. (1908): Fossili dei Monti di Lodin. — Palaeontographica Italica, **14**, 171—189, Taf. 21, 2 Abb., Pisa.

— (1910a): Rivelamento geologico della tavoletta „Paluzza". — Boll. R. Com. Geol. Italia, **41**, 29—66, 1 Taf., Roma.

— (1910b): Fossili Ordoviciani del nucleo centrale Carnico. — Atti Accad. Gioenia Sci. nat. Catania, **87**, (5), vol. 3, mem. 3, 48 S., 3 Taf., Catania.

— (1915): Ordoviciano e Neosilurico nei gruppi del Germula e di Lodin. — Boll. R. Com. Geol. Italia, **44**, 295—308, 1 Taf., Roma.

— (1918): Coralli mesodevonici della Carnia. — Palaeotnographica Italica, **24**, 61—120, Taf. 6—12, 3 Abb., Modena.

VINASSA DE REGNY, P. & GORTANI, M. (1908): Nuove ricerche geologiche sul nucleo centrale delle Alpi Carniche. — Atti R. Accad. Lincei, Jg. 305, Ser. 5, Rendiconti, **17**, 603—612, Roma.

VORTISCH, W. (1926): Oberrhätischer Riffkalk und Lias in den nordöstlichen Alpen. Teil 1. — Jb. geol. Bundesanst., **76**, 1—64, 1 Taf., 4 Abb., Wien.

WÄHNER, F. (1903): Das Sonnwendgebirge im Unterinntal, ein Typus eines alpinen Gebirgsbaues. Band 1. — 356 S., 19 Taf., 96 Abb., 1 geol. Karte, Leipzig—Wien (Deuticke).

YABE, H. & SUGIYAMA, T. (1931): Note on a New Hydrozoa, *Plassenia alpina*, gen. et sp. nov., from the Plassen Limestone of Plassen, Austria. — Japan. J. Geol. Geography, (3), **8**, 113 bis 115, 1 Taf., Tokyo.

*— (1935): Jurassic Stromatoporoids from Japan. — Sci. Rep. Tohoku Univ., (2), **14**, 125—192, 32 Taf., 8 Abb., Tokyo.

*ZAPFE, H. (1962): Untersuchungen im obertriadischen Riff des Gosaukammes (Dachsteingebiet, Oberösterreich). IV. Bisher im Riffkalk des Gosaukammes aufgesammelte Makrofossilien (exkl. Riffbildner) und deren stratigraphische Auswertung. — Verh. geol. Bundesanst., 1962, 2, 346—361, Wien.

Anschrift des Verfassers: Prof. Dr. ERIK FLÜGEL, Institut für Geologie und Paläontologie, Technische Hochschule, D-61 Darmstadt, Bundesrepublik Deutschland.

Nachtrag

Nach Abschluß des Manuskriptes erschienen zwei Arbeiten, in welchen Hydrozoen aus dem österreichischen Mesozoikum beschrieben werden:

FLÜGEL, E. (1969): Hydrozoen mit circumlamellarer Mikrostruktur aus den Gosau-Schichten (Senon) des Gosau-Beckens (Oberösterreich/Salzburg). — Verh. geol. Bundesanst., **1969**, im Druck. Wien.

Aus den korallenführenden Gosau-Schichten der Fundpunkte Traunwand N Rußbach (Salzburg), Edlbach-Graben N Gosau und Zimmergraben im Gosau-Becken (Oberösterreich) wird *Actinostromarianina?* *beauvaisi* n. sp. beschrieben. Das Belegmaterial ist in der Geol.-Paläozool. Abteilung des Senckenberg-Museums Frankfurt a. M. hinterlegt.

FENNINGER, A. (1969): Die Hydrozoenfauna des Sandling (Kimmeridgium, Nördliche Kalkalpen). — Anz. Österr. Akad. Wiss., math.-naturwiss. Kl., **1969**, 2, 33—35, Wien.

In den Tressenstein-Kalken des Sandling (Salzkammergut) wurden in einem längs des Touristenweges Vordere Sandlingalm—Sandling aufgeschlossenen Profil zwischen 1610 und 1717 m Höhe folgende Hydrozoen festgestellt:

Actinostromaria sp., *Actinostromina grossa* (GERMOVŠEK), *Astrostylopsis tubulata* (GERMOVŠEK), *A.* n. sp. aff. *A. tubulata* (GERMOVEŠK), *Milleporidium kitamiensis* HASHIMOTO, *Parastromatopora jurensis* SCHNORF, *P. pilata* HÖTZL, *Cladocoropsis mirabilis* FELIX, *Syringostromina* sp., *Cylicopsis florida* GERMOVŠEK, *Burgundia mamelonata* FENNINGER, *B. steinerae* HUDSON, *Spongiomorpha asiatica* YABE & SUGIYAMA. Ferner fand sich die zu den Chaetetiden gerechnete Art *Bauneia* cf. *multitabulata* (DENINGER).

Das Belegmaterial wird unter den Nummern UGP 2541—2565 im Geol.-Paläont. Institut der Universität Graz aufbewahrt.